专家释疑解难农业技术丛书

猪养殖技术问答

主　编

芦春莲　曹洪战

副主编

曹玉凤　王志刚　戴建亮

编著者

芦春莲　曹洪战　曹玉凤　王志刚

戴建亮　颛锡良　刘玉环　陈　楠

孙召君　范　苗　高　捷　刘　兵

张永新　张艳红　刘泽杰　张红梅

金盾出版社

内 容 提 要

本书由河北农业大学芦春莲、曹洪战教授等编写。主要阐述了在我国养殖条件下如何通过标准化生产实现瘦肉型猪的高效健康养殖。内容包括:猪的品种选择,猪舍建筑,猪的饲料配制,猪的饲养管理和猪病防治五个方面。本书以问答形式将养猪生产中的关键技术、疑难问题、错误观点等直接列为题目,做简明扼要的解答,以符合广大农民读者的读书兴趣。本书适合养猪场(户)饲养人员、基层技术推广人员和农业院校相关专业师生参考阅读。

图书在版编目(CIP)数据

猪养殖技术问答/芦春莲,曹洪战主编.—北京:金盾出版社,2010.6(2020.4 重印)
(专家释疑解难技术丛书)
ISBN 978-7-5082-6329-8

Ⅰ.①猪… Ⅱ.①芦…②曹… Ⅲ.①养猪学—问答 Ⅳ.S828-44

中国版本图书馆 CIP 数据核字(2010)第 048474 号

金盾出版社出版、总发行
北京市太平路 5 号(地铁万寿路站往南)
邮政编码:100036 电话:68214039 83219215
传真:68276683 网址:www.jdcbs.cn
北京万博诚印刷有限公司印刷、装订
各地新华书店经销
开本:787×1092 1/32 印张:8.75 字数:190 千字
2020 年 4 月第 1 版第 6 次印刷
印数:32 001～33 500 册 定价:25.00 元

前　言

现代社会人们的消费观念在变化，人们对猪肉的质量要求越来越高，尤其是猪肉要保证健康无公害，这就要求在养殖环节做到生猪的健康高效养殖，健康是保证消费者的需求，高效是养猪生产者的基本要求，只有高效养猪才能赚钱，为此我们编写了《猪养殖技术问答》一书，从猪的品种选择、猪舍建筑、猪的饲料配制、猪的饲养管理和猪病防治五个方面以问答形式回答了养猪生产中的关键技术、疑难问题，以期为广大养猪生产者提供技术指导。但由于我们的水平有限，不妥之处恳请指正。

在本书的编写过程中，我们参阅了有关论文及著作，由于篇幅所限，在此不能一一列出，望谅解。

本书适合初中文化水平的农民和基层农技推广人员参考阅读。

编著者

目　录

一、猪的品种选择

1. 什么是品种？

品种是由人类劳动创造和保持的一个具有经济价值和育种价值的家畜类群；具有相对稳定的各种特性，在一定的条件下能巩固地遗传下去；具有相对的同质性，同一品种的家畜具有共同的或相似的来源、外形、生产力和生物学特性；具有完整的品种结构，保持一定程度的异质性；拥有一定数量的家畜，保证能自群繁育而不至被迫进行亲缘交配。

同一品种的猪具有共同的或相似的外形特征和经济特性，各个体间的相似性称为同质性。

在加拿大拉康比猪的培育过程中，按“非白色猪的出现率”来表示其群体性状的同质性和遗传的稳定性。拉康比猪的亲本是巴克夏猪、兰德瑞斯猪和切斯特白猪，由于巴克夏猪的毛色中有黑色基因，因而其杂种后代中出现非白色猪。1950 年，非白色猪，按父系的出现率为 50%，按母系的出现率为 20%，全部仔猪的出现率为 7%。经过选育，至 1956 年，按父系的出现率为 7%，按母系的出现率为 2%，按全部仔猪的出现率为 1%。至此其白色也基本达到稳定。

我国于 1978 年在全国猪育种科研协作学术讨论会上规定，品种内各个体的生产性能应“至少有 70%以上符合预定的选育指标”。

品种的异质性是指某一品种群体内各个体之间的差异程度，任何品种内性状的异质性是客观存在的。

猪的毛色、头型、耳型、体型等质量性状的异质性虽然表现程度上要轻一些，但仍然到处可以发现。例如，汉普夏猪的标准毛色是在前腿和脚这一部分体躯为白色外，其余均为黑色，这一点，汉普夏猪育种协会是非常强调的。但是即使双亲都是标准毛色，其后代出现非标准毛色的情况还是相当普遍，因为毛色的遗传并不是一对基因决定的。

长白猪的耳型应是大而向前倾。但“英系”、“法系”、“日系”的耳型差异也相当大。由于不断地选育，最近我国从丹麦进口的长白猪，其臀部发育已比早期进口的长白猪要好。

杜洛克猪毛色的异质性更为明显，它是一种红毛猪，但其深浅度变异很大，从深红色到金黄色均有。

从生物学的观点来看，在品种内部应该保持一定程度的异质性，或者说是不同的类群。例如，太湖猪有二花脸、枫泾、梅山、嘉兴黑、横泾、米猪、沙头乌等；长白猪有德系、英系、瑞系、法系、日系等。

一个品种保持一定的异质程度，对它不是有害，而应该是有利的，过分强调外貌上的同质则有时并不一定有利。如在汉普夏猪的选育过程中，育种者们发现，虽然双亲都是标准毛色，其后代出现非标准毛色的情况还是相当普遍的，因为毛色的遗传并不像有的人所想象的那样有规律。而实际上有许多非标准毛色的种猪，其生产性能还是相当好，乃至超过了标准毛色者。

事实上，一个品种的同质性与异质性也不可能一直保持一个固定的百分比，应该说，对一个群体来说，它在某一阶段要强调同质性，而在另一阶段则要强调异质性；或者对一个有多个品系的品种来说，它可以在品系内部强调同质而在品系之间强调异质。相隔适当的时间后，品系间杂交(或适当引入外血），再出现新的品系。这样周而复始，不断前进，使品种一直处于动态平衡之中。这样一个品种就能久而不衰。

一个品种所具有的优良特性能够巩固地、一致地从亲代遗传到子代，这是育种者们的愿望，但不是现实。

品种在世代延续中，可以发生两种情况：一是处于相对稳定的状态。一般可在几年、十几年或更长一些时间内，保持相对稳定状态。这种稳定状态，有赖于人类不断地选种与选配和相对稳定的饲养管理条件。另一种是处在变化状态。不是向坏的方向变化（退化），就是向好的方面变化（进化）。品种的相对稳定性是品种客观存在的必要条件，但是这种稳定性是相对的、暂时的，而品种的变化则是绝对的、永久的。如英国的巴克夏猪，在 19 世纪 60 年代开始育成时为脂肪型品种，经过了上百年的选育，由于近代社会经济条件的改变，现在这种脂肪型的巴克夏猪已为数很少或被逐渐改造为肉用型巴克夏了。

作为一个品种，它的数量应至少是多少？2003 年 10 月，我国家畜禽资源管理委员会制定的《国家级畜禽品种（配套系）审定规程（试行）》中，关于《猪品种（配套系）审定标准》规定，纯种基础母猪在 1 000 头以上，符合育种标准的个体应在 70％，3 代之内没有亲缘关系的家系应有 10 个以上。

品种除要有一定数量之外，其内部还有一定的类群结构，即品系、品族或亲缘群。这些品系或品族是在大的方面一致的前提下，在某些特征或特性方面具有一定的差异，如生长较快、产仔较多、体躯较长、背膘较厚等，或者是某些类群的亲缘关系较近。这些类群是随着人们对品种的不断选育而逐渐建立起来的。

一个品种内部要有多少个这样的品系类群，尚未有统一的规定。前苏联科学家保利森科认为一个品种至少要有5个品系。在我国许多地方品种中，都有一定数量的自然类群，或地区性类群。这些类群丰富了品种的结构。

2. 如何保证引入的猪品种不退化？

现在我国种猪企业经常会陷入“引种—退化—再引种”的怪圈。究其原因有以下几个。

(1)引进猪种时缺乏计划 引种本身应该是引资源，但我们现在却是引商品。我国的长白猪、大白猪来自十三四个国家，只要市场行情看好，大家就从哪一国引种，过几年当市场不再看好时，马上又从另一个国家引种。我国养猪场每年花很多的钱在引种上，而且不是有计划、有秩序、有安排地引种。各个养猪企业引种时都是各自为政，引进的种猪在该国不一定具有代表性，甚至是从肥猪群里挑出的“种猪”。认为从国外引进的就是优秀种猪，这个观点绝对要改变，不要迷信。

(2)引种后选育力度不够 无论哪一个猪场，如果说完全不选育是不可能的，但是选种力度差，包括它的信息资料的登记(如系谱登记)有很多错误，有很多猪场的系谱和耳号都对不上，可见种猪的选育血缘管理上存在不少问题。

(3)健康问题 远距离引种造成的路途感染，从一个场到另一个场病原的变化、侵袭，都给健康带来了很大问题。往往到了一个新的猪场，隔离不严格，检疫不彻底，使得健康出现问题。所以对引种场、引进品种、引种场的健康条件等都应该有所选择。引种后由于工作没有做好，猪群性能退化、体型发生变化，健康也出现问题，那么这群猪的性能就会衰退得很严重。衰退后无法用一个选育的方法来维持生产水平，最后只能再引种。

(4)过分重视猪的体型　我国很多养猪企业对种猪体型非常讲究,不管母系还是父系都要求后躯丰满。但后躯丰满程度与母猪繁殖性能成反比。有资料显示,后躯非常丰满的母猪,产仔数和泌乳力可能降低10%左右,而且难产比例会增加,如何从育种上考虑在丰满体型与繁殖性能之间找到一个平衡点非常关键。没有一个品种是十全十美的,在一个性能方面选育过强,就会出现劣势的方面。另外在我国的选育过程中,假如各个性能都选育,那么选择强度会很大,遗传育种进展则很少,所以国外搞配套系,就是利用各个品种采取不同选育方式(父系选择体型外貌,母系就会选择繁殖能力、泌乳能力),通过这两种品系杂交后在商品猪上体现较好的瘦肉率、较快的生长速度、较理想的饲料报酬。在一个品种上把这些所有优良性能都表现出来是很困难的。正确的做法应该是:一是综合评定培育自己的产品,在相对高的饲料报酬、生长速度与较好的体型外貌之间找到一个平衡;二是根据客户群的喜好开展定向培育。

(5)不能长期坚持猪的育种　有很多公司认为引种成本低于自己育种成本,所以大多数企业不搞猪的育种,而是直接从国外引进猪种。从经济利益上讲,引进一头种猪只需要2万元,保持好的话2年内就可以赚回来,所以从经济上考虑是对的。但是如果企业具备足够的实力,种猪的群体足够大,那么企业应该在猪的选育方面做些工作,育种成本虽然高,但大型企业要走出一条自己的道路,就一定要选育,搞出自己的配套系,结合中国地方猪种特点,满足不同市场需求变化。

3. 猪的品种分几类?

猪的品种是在一定自然和社会经济条件下,经人工选择形成的一个具有共同来源、相似并能稳定遗传的外形和生产性能，并拥有一定数量的种群。社会生产力的发展水平和人类的需求，影响着品种发展的方向与消长。因此品种又是一个具有变异性与可塑性的群体。

猪的类型由于划分的依据不同，分法不一，最常用的类型划分法有：按培育程度，划分为原始品种、培育品种和过渡品种；按来源或产地（区）划分为国外品种及中国品种等；按成熟早晚分为早熟型、晚熟型、中熟型等。而在生产上最常用的是按其重要的经济用途划分为脂肪型、瘦肉型和兼用型。这种分类方法就是通常所称的经济类型划分。经济类型划分是以人类对猪肉、脂产品的需求和猪的产品与品质为基础的，猪的经济类型是品种向专门化方向发展的结果与产物。

4. 什么是瘦肉型猪？

瘦肉型猪是指能够提供较多的瘦肉，一般可达胴体的55%以上，6～7 胸椎上方膘厚小于 3.5 厘米的猪。此类猪肉可供以加工成长期保存的肉制品，如腌肉、香肠、火腿等。瘦肉型猪对饲料条件要求较高，特别是蛋白质水平。外形特点是前躯轻、后躯重、中躯长、整体呈“流线型”，四肢较高、背腰平直，体长大于胸围 15～20 厘米，体质结实，性情活泼，产仔能力强。如长白猪、大白猪、杜洛克猪都属于瘦肉型猪。

5. 什么是脂肪型猪？

脂肪型猪是指能够提供较多的脂肪，一般占胴体的 45%以上，6～7 胸椎上方膘厚 3.5 厘米以上。外形特点是下颌沉重多肉，体躯宽、深而短，体长与胸围相等或略小于胸围。脂肪型猪一般被毛稀，体质细致，性情温顺，产仔较少。我国的华南型猪多属此类。

6. 本地猪现有哪些?

我国不但是一个养猪大国,同时具有丰富的地方猪种资源。据目前初步统计,全国列入省级以上《畜禽品种志》和正式出版物的地方猪种有近100个,列入国家级保护的有34个,各省重点保护的也有几十个。

根据猪种来源、地理分布和生产性能等特点,将我国地方猪种划分为六大类型:华北型、华南型、华中型、江海型、西南型和高原型。

华北型:主要分布于秦岭和淮河以北,包括自然区划中的华北区、东北区和蒙新区。主要特点是体躯较大,四肢粗壮;皮厚多皱褶,毛粗密,鬃毛发达;背毛多为黑色,偶在末端出现白斑;冬季密生绒毛;头较平直,嘴筒较长;耳大下垂,额间多纵行皱纹。繁殖力强,经产母猪每窝产仔12头以上。代表猪种主要有民猪、八眉猪和淮猪等。

华南型:主要分布于广西壮族自治区、广东省偏南大部分地区、海南省、云南省的西南与南部边缘和福建省及台湾省的东南。主要特点是猪体质疏松,早熟易肥,个体偏小,体型呈现矮、短、宽、圆、肥的特点;头较短小,面凹,额部皱纹不多且以横纹为主,耳小直立或向两侧平伸;毛稀,毛色多为黑白花或黑色。繁殖力低,每胎6~10头。代表猪种有两广小花猪、滇南小耳猪和海南猪等。

华中型:主要分布于湖南、江西和浙江南部以及福建、广东和广西的北部,安徽、贵州也有分布。主要特点是个体较华南型大,骨较细,背腰较宽,多下凹,毛色以黑白花为主,头尾多为黑色,体躯中部有大小不等的黑斑,个别有全黑色。繁殖力中等以上，每窝产仔10～13头，肉质细嫩。代表品种有金华猪、大花白猪和华中两头乌猪等。

江海型：主要分布于汉水和长江中下游沿岸以及东南沿海地区。外貌特点是骨骼粗壮，腹较大，皮厚而松且多皱褶，耳大下垂。毛色由北向南由全黑逐步向黑白花过渡，个别有全白者。繁殖性能特好，每窝产仔13头以上，高者可达15头以上。代表品种有太湖猪、湖北阳新猪、虹桥猪及台湾猪等。

西南型：主要分布于四川盆地和云贵高原的大部分地区，以及湘鄂西部。主要特点是体格较大，头大颈短，额部多纵行皱纹，且有旋毛，背腰宽而凹，腹大而下垂，毛色以全黑为多，也有黑白花或红色。产仔不多，每窝8～10头，屠宰率低，脂肪多。代表品种有内江猪、荣昌猪、乌金猪及关岭猪等。

高原型：主要分布于青藏高原。该型猪属小型晚熟品种，主要特点是体型紧凑，背窄而微弓，腹紧凑不下垂；臀、大腿较倾斜，欠丰满；头狭长呈锥形，嘴小，耳小竖立，形似野猪。背毛长密，鬃毛发达，毛色多为全黑，少数为黑白花和红色。产仔极少，每窝产仔5～6头。生长缓慢，屠宰率低，胴体中瘦肉多，适应高寒气候。代表猪种有藏猪等。

现将其中主要的品种介绍如下：

(1)民　猪

①产地及分布　原产于东北和华北部分地区。现有繁殖母猪近2万头，广泛分布于辽宁、吉林、黑龙江和河北北部等地区。

②体型外貌　全身被毛黑色，体质强健，头中等长，面直，耳大下垂，体躯扁平，背腰狭窄，臀部倾斜，四肢结实粗壮。民猪分为大、中、小三种类型。体重在150千克以上的大型猪称大民猪；体重在95千克左右的中型猪称为二民猪；体重在65

千克左右的小型猪称荷包猪。

③生产性能　在体重18～90千克肥育期，日增重458克左右。体重90千克左右时屠宰率为72%左右，胴体瘦肉率为46%。成年体重：公猪200千克，母猪148千克。公猪一般于9月龄，体重90千克左右时配种；母猪于8月龄，体重80千克左右时初配。初产母猪产仔数11头左右，3胎以上母猪产仔数13头左右。

④利用　民猪与其他猪正反交都表现较强的杂种优势。以民猪为基础分别与约克夏、巴克夏、苏白、克米洛夫和长白猪杂交，培育成哈白猪、新金猪、东北花猪和三江白猪，均能保留民猪的抗寒性强、繁殖力高和肉质好的优点。

⑤评价　民猪具有抗寒力强、体质强健、产仔数多、脂肪沉积能力强和肉质好的特点，适合放牧及较粗放管理，与其他品种猪杂交，杂种优势明显。但脂肪率高，皮较厚，后腿肌肉不发达，增重较慢。

(2)两广小花猪

①产地及分布　原产于广东、广西，是由陆川猪、福建猪、东莞猪和两广小花猪归并，1982年起统称为两广小花猪。

②体型外貌　体型较小，具有头短、耳短、颈短、脚短、尾短的特点，故有“五短猪”之称。毛色除头、耳、背、腰、臀为黑色外，其余均为白色，耳小向外平伸。背腰凹，腹大下垂。

③生产性能　成年公猪平均体重130.96千克，成年母猪平均体重112.12千克；75千克屠宰时屠宰率为68%左右，胴体瘦肉率37.2%；肥育期平均日增重328克；性成熟早，平均每胎产仔12.48头。

④评价　具有皮薄、肉质嫩美的优点，但生长速度较慢，浪费饲料严重，体型偏小。

(3)中国小型猪

①产地及分布　目前已开发利用的主要有：产于贵州和广西交界处的香猪；产于西藏自治区的藏猪；产于海南省的五指山猪(老鼠猪)；产于云南省西双版纳的微型猪，这是云南农大和西双版纳种猪场合作，在滇南小耳猪的基础上选育而成的小型猪。

②生物学特性　体型小发育慢，6月龄体重在20～30千克，平均日增重120～150克；性成熟早，一般3～4月龄性成熟，繁殖力强；抗逆性强，对不良的生态和饲料条件有较强的适应能力；产仔数少，一般为5～6头。

③评价　一是作为实验动物。由于猪和人在生理解剖、营养代谢、生化指标等特征上有较大的相似性，尤其是心血管系统结构与人更为相似，所以小型猪是研究人类疾病预防和治疗的理想实验动物。二是制作烤乳猪。小型猪早熟，肉嫩味美，皮薄骨细，加工成的烤乳猪无腥味，外焦里嫩，别具风味。所以，小型猪是我国的宝贵品种资源。

(4)太湖猪

①产地及分布　原产于江苏、浙江、上海等地，由二花脸猪、梅山猪、枫泾猪、米猪、沙乌头猪、嘉兴黑猪和横泾猪等地方类型猪组成，1973年开始统称为太湖猪。

②体型外貌　太湖猪体型中等，各类群间有所差异。其中以梅山猪较大，骨骼粗壮；米猪骨骼细致；二花脸猪、枫泾猪、横泾猪和嘉兴黑猪介于两者之间；沙乌头猪体质比较紧凑。太湖猪头大额宽，额部皱纹多且深，耳大下垂，耳尖与嘴筒齐或超过嘴端，背腰微凹，胸较深，腹大下垂，臀部较高而倾斜。全身背毛黑色或灰色，被毛稀疏，四肢末端白色，俗称“四白脚”。乳头数8～9对。

③生产性能　生长速度较慢，6～9月龄体重65～90千克，屠宰率67%左右，胴体瘦肉率39.9%～45.08%，成年公猪体重约140千克；母猪体重约114千克。产仔数平均为15.8头，3月龄可达到性成熟，泌乳力强，哺乳率高。

④评价　由于太湖猪以其繁殖力高而著称于世，所以许多国家如法国、美国、匈牙利、朝鲜、日本、英国等国家都引进太湖猪与其本国猪种进行杂交，以提高本国猪种的繁殖力。

(5)宁乡猪

①产地及分布　原产于湖南省宁乡县的草冲和流沙河一带。现在主要分布于宁乡、益阳、安化、怀化及邵阳等县、市。

②体型外貌　宁乡猪分“狮子头”、“福字头”、和“阉鸡头”3种类型。头中等大小，额部有横纹皱褶，耳小下垂，颈粗短，背凹陷，腹部下垂，斜臀，四肢粗短，多卧系。被毛短而稀，毛色为黑白花，分为“乌云盖雪”、“大黑花”和“小黑花”3种。

③生产性能　体重22～96千克阶段，日增重约587克。体重90千克左右时屠宰率为74%，胴体瘦肉率35%左右。成年公猪体重113千克左右开始配种。初产母猪产仔数8头左右，经产母猪产仔数10头左右。

④评价　具有早熟易肥、脂肪沉积能力强和性情温顺等特点。用它与长白猪进行正反杂交，都具有杂种优势。

(6)金华猪

①产地及分布　金华猪产于浙江省金华地区的义乌、东阳和金华。

②体型外貌　体型不大，凹背，腹下垂，臀宽而斜，乳头8对左右。

③生产性能　成年公猪体重约140千克，成年母猪体重约110千克，8～9月龄肉猪体重为63～76千克，屠宰率72%

左右，10 月龄胴体瘦肉率 43.46%左右，产仔数平均 13.78 头。

④评价　具有性成熟早，繁殖力高，肉质好，适宜腌制优质金华火腿及腌用肉。缺点是，肉猪后期生长慢，饲料利用率较低。

(7)内 江 猪

①产地及分布　主要产于四川省的内江、资中、简阳等市、县，主要饲养单位为内江市中区猪场。

②体型外貌　内江猪体型大，体质疏松，头大嘴短，额角横纹深陷成沟，耳中等大、下垂，体躯宽深，背腰微凹，腹大，四肢较粗壮。皮厚，全身被毛黑色，鬃毛粗长。

③生产性能　在农村低营养饲养条件下，体重 10～80 千克阶段，日增重约 226 克，屠宰率 68%左右，胴体瘦肉率 47%左右。在中等营养水平下限量饲养，体重 13～91 千克阶段，日增重约 400 克，体重 90 千克时屠宰率 67%左右，胴体瘦肉率 37%左右。公猪成年体重约 169 千克，母猪成年体重约 155 千克。公猪一般 5～8 月龄初次配种，母猪一般 6～8 月龄初次配种，初产母猪平均产仔数 9.5 头，3 胎及 3 胎以上母猪平均产仔 10.5 头。

④评价　内江猪对外界刺激反应迟钝，对逆境有良好适应性，在我国炎热的南方和寒冷的北方都能正常繁殖生长。另外，用内江猪与其他猪进行杂交，都能表现良好的杂种优势。因此，内江猪是我国华北、东北、西北和西南等地区开展猪杂种优势利用的良好亲本之一。

(8)荣 昌 猪

①产地及分布　荣昌猪产于四川省荣昌和隆昌。主要分布于永川、泸县、泸州、宜宾和重庆市。

②体型外貌　体型较大，头中等大，面微凹，耳中等大、下垂，额部有横纹且有旋毛。背腰微凹，腹大而深，臀稍倾斜。四肢细致、结实。除两眼四周、头部有大小不等的黑斑外，被毛均为白色。

③生产性能　成年公猪体重平均158千克，成年母猪平均体重144千克。体重87千克时屠宰率约69%，胴体瘦肉率39%～46%。公猪5～6月龄可用于配种，母猪7～8月龄、体重50～60千克时可初次配种。在农村，初产母猪产仔数7头左右，3胎及3胎以上母猪平均产仔数10.2头；在选育群中，初产母猪平均产仔数8.5头，经产母猪平均产仔数11.7头。

④评价　具有适应性强、瘦肉率较高、配合力较好和鬃质优良等特点，用它与其他品种猪杂交，杂种优势明显，是地方品种资源中的优良品种。

7. 现在我国有哪些国外猪种？

(1)大白猪

①产地与分布　原产于英国约克郡及其邻近地区，又称大约克夏猪。它是目前在世界上分布最广的瘦肉型猪种之一，在全世界猪种中占有重要地位。

②体型外貌　体大，毛色全白，少数额角皮上有小暗斑，颜面微凹，耳大直立，背腰多微弓，四肢较高。平均乳头数7对。

③生产性能　在我国饲养的大白猪，母猪初情期5月龄左右，一般于8月龄体重达120千克以上配种。初产母猪产仔9～10头，经产母猪产仔10～12头，产活仔数10头左右，成年公猪体重250～300千克，成年母猪体重230～250千克。

肥育猪在良好的饲养条件下（农场大群测定），平均日增重855克，胴体瘦肉率61%左右。各地因饲料水平与饲养条件不同而有所差异。

④评价　具有增重快、饲料报酬高、繁殖性能高、肉质好的特点，经过多年的驯化已基本适应我国的条件。用大白猪作父本，与我国的地方品种猪杂交，其一代杂种猪日增重和胴体瘦肉率较母本都有较大幅度地提高，杂种猪（大白猪×太湖猪）日增重的杂种优势率17.4%。在国外三元杂交中大白猪常用作母本，或第一父本。

(2)长 白 猪

①产地与分布　产于丹麦，在世界上广泛分布。目前瑞典、法国、美国、德国、荷兰、日本、澳大利亚、新西兰和加拿大等国都有该猪，并各自选育，相应的称为该国的"系"，但具代表性的还是丹麦长白猪。我国1964年首次从瑞典引入。以后陆续从多国引入，现全国均有分布。

②体型外貌　全身白色，体躯呈流线型，耳向前平伸，背腰比其他猪都长，全身肌肉附着多，乳头7～8对。

③生产性能　成年公猪体重平均为246.2千克，成年母猪平均为218.7千克。母猪初产仔10～11头，经产仔11～12头。肥育猪在良好条件下，日增重可达950克，胴体瘦肉率60%～63%，各地依来源不同，饲养水平不同，有较大的差异。

④评价　具有生长快，省饲料、瘦肉率高，母猪产仔多，泌乳性能好等优点。用长白猪作父本，与我国猪种进行杂交，杂交效果明显，能显著提高我国猪种的生长速度和瘦肉率。但是长白猪具有体质较弱，抗逆性差，对饲养条件要求高等缺点。

(3)杜洛克猪

①产地及分布　原产于美国纽约州。1978年我国首次从英国引入，以后陆续从美国、匈牙利、日本较大数量地引入。现分布于全国。

②体型外貌　毛色为红棕色，从金黄色到暗红色，深浅不一，耳中等大且下垂，颜面微凹。体躯深广，肌肉丰满，四肢粗壮。

③生产性能　成年公猪体重340～450千克，母猪体重为300～390千克。母猪产仔8～9头。生长肥育猪20～90千克阶段，日增重约760克。屠宰率74.38%左右，膘厚约1.86厘米，胴体瘦肉率62%～63%。

④评价　适应性强，对饲料要求较低，喜食青绿饲料，能耐低温；对高温耐力差。适宜作为"洋三元"的终端父本。

(4)汉普夏猪

①产地及分布　原产于美国，是北美分布较广的品种，目前在美国数量仅次于杜洛克猪，占第二位。我国1934年首次少量引入，作为与其他国外品种对比。1978年陆续从匈牙利、美国引入数百头。

②体型外貌　毛色特征突出，即在肩颈结合部有一白带(包括肩和前肢)，其余均为黑色，故有"银带猪"之称。尾、蹄可允许有白色，但若体躯白色超过2/3，或头部有白色，或上半身有旋毛或红毛，都属美国登记协会规定的不合格特征。从体型上看，汉普夏猪体型较大，耳中等且直立，嘴长而直，体躯较长，四肢稍短而健壮，背腰微弓，后躯肌肉丰满，乳头6对以上。

③生产性能　成年公猪体重315～410千克，成年母猪体重250～340千克。母猪初产仔7～8头，经产9～10头。肥

育猪在良好条件下，日增重725～845克，胴体瘦肉率61%～62%，屠宰率73.05%左右，各地因饲养水平不同而有所差异。

④评价　具有瘦肉率高，眼肌面积大，胴体品质好等优点。以汉普夏作父本，地方品种猪作母本杂交，能显著提高商品猪的瘦肉率。河北省就以汉普夏作终端父本，组建了河北省的冀合白猪杂优猪。但是，汉普夏猪与其他瘦肉型猪比较，存在着生长速度慢、饲料报酬差的缺点。

(5)皮特兰猪

①产地及分布　原产于比利时的布拉特地区的皮特兰村，是用当地一种黑白斑土种猪与法国引进的贝叶猪杂交，再与泰姆沃斯猪杂交选育而成。1950年作为品种登记，是近10年来欧洲较为流行的猪种。我国上海农业科学院畜牧兽医研究所在20世纪80年代首次从法国引进。以后其他省、直辖市亦多次引进。

②体型外貌　被毛是大块黑白花、灰白花斑且有旋毛，耳中等大，稍向前倾，体躯短，背腰宽，眼肌面积大，后腿丰满。

③生产性能　一般产仔10头左右，生长发育和饲料报酬一般。但背膘薄，胴体瘦肉率很高，一般约为70%。其缺点是生长缓慢，尤其是体重90千克以后显著减慢。肉质不佳，肌纤维较粗，氟烷测验阳性率高达88%。

④评价　胴体瘦肉率高，但生长缓慢，肉质不佳，易发生灰白肉。所以利用皮特兰猪进行杂交时，常把皮特兰猪与杜洛克猪或汉普夏猪杂交，杂交后代公猪作为杂交系统的终端父本，这样既可提高商品猪的瘦肉率，又可防止灰白肉的出现。

8. 我国有自己培育的猪种吗？

从1949年中华人民共和国成立到1990年的41年间，在党和政府的重视和支持下，我国广大养猪工作者和育种专家通过协作，在23个省、自治区、直辖市共育成猪的新品种、新品系40个。这些新品种和新品系既保留了我国地方品种的优良特性，又兼备了外引品种的特点，不仅丰富了我国猪种资源基因库，推动了猪育种科学进展，而且普遍应用于商品瘦肉猪生产，极大地促进了我国养猪业的发展。我国培育猪种或品系的育成，起始于国外品种的引入以及利用国外优良猪种杂交改良我国地方猪种，广泛开展杂交优势利用的历史年代和基础之上。

根据所利用的国外品种的异同以及猪种的特征特性，可把培育品种按毛色分为3个类型，按经济用途分为4个类型。

(1)培育猪种的毛色类型

①白色品种　这类培育猪种是以苏联大白猪、长白猪、大白猪、中约克夏等4个白色外引猪种为父本，本地猪种为母本，进行复杂杂交选育而成，共16个品种(系)。其中除昌潍白猪(哈白猪×里岔黑猪)、三江白猪(长白猪×东北民猪)和赣州白猪(约克夏×左安猪)为2品种杂交育成外，其余白色猪种都是用2个以上外引品种与本地品种多品种杂交，获得理想型个体后，再采用自群繁育方法选育而成。

②黑色品种　全国一共有18个培育品种(系)为黑毛色品种，编入《中国培育猪种》一书的有10个品种、3个品系。除新淮猪(约克夏×淮猪)和定县猪(波中×本地猪)为2品种育成杂交外，其余都是以巴克夏为主要父本，掺有少量其他品种外血，以本地猪种为母本杂交选育而成。这类培育猪种除

新金猪、乌兰哈达猪、定县猪、内蒙古黑猪、吉林黑猪、宁安黑猪等在鼻端、尾尖和四肢下部多为白色被毛，具有“六白”或不完全“六白”特征外，其余品种被毛均为黑色。

③黑白花品种　这类培育猪种包括 2 个品种和 5 个品系，列入《中国培育猪种》一书的有 2 个品种、3 个品系。山西瘦肉型 SD-I 系、北京花猪 I 系和泛农花猪是由巴克夏和苏联大白猪为父本与本地猪种杂交选育而成；吉林花猪、黑花猪和沈花猪是以克米洛夫为父本、东北民猪为母本杂交选育而成。这 3 个品系在《中国猪品种志》中统一为东北花猪。

(2)培育猪种的经济类型

①瘦肉型品种(系)　包括三江白猪、广西白猪、湖北白猪、湘白 I 系猪、山西瘦肉型 SD-I 系、浙江中白猪、新疆黑猪和沂蒙黑猪新品系。

②肉脂兼用型品种(系)　包括北京黑猪、新金猪、皖北猪、乌兰哈达猪、定县猪新品系汉沽黑猪、甘肃白猪、宁夏黑猪、上海白猪、芦白猪、甘肃黑猪、内蒙古白猪新品系、汉中白猪、昌潍白猪(I)系、北京花猪 I 系和伊犁白猪。

③脂肉兼用型品种(系)　包括吉林花猪(吉花系)、沈农花猪、温州白猪、哈尔滨白猪、内蒙古黑猪品种群、新淮猪、福州黑猪和新疆白猪。

④脂肪型品种(系)　包括赣州白猪。

40 个品种(系)的培育成功，标志着我国养猪业跨入了一个新的历史阶段，它不仅极大地促进了我国猪育种科学的发展，而且丰富了我国猪种资源和优良性状基因库，为更好地开展杂种优势利用提供了新的种源。培育猪种不仅具有地方品种适应性强、耐粗放管理、繁殖力高、肉质好等特点，同时在肥育性状和胴体瘦肉率方面也达到了相应的水平。目前国内外市场都要求大量提供瘦肉型猪，面对新的形势，培育品种作为城市菜篮子工程、瘦肉型猪基地建设、出口活生猪而生产高质量瘦肉型商品猪的当家母本品种，发挥着重大作用，占有不可取代的地位。培育猪种为瘦肉型猪生产向新的台阶迈进，奠定了可靠的基础。

由于育成的历史较短，所以同著名的外引瘦肉型品种相比，还有一定的差距。

9. 养本地猪好还是养国外品种猪好？

至于养本地猪好还是养国外品种猪好，要具体问题具体分析。要根据当地经济条件、当地人民的生活水平和人们的消费习惯确定养什么样的猪。

(1)我国地方猪种的优缺点

①优　点

一是繁殖力强。突出表现在性成熟早、排卵数和产仔数多。我国地方猪种的平均配种年龄为 129 日龄，而大约克夏为 210 日龄，其中小型猪种(如姜曲海猪、二花脸猪)比北方猪种和大型猪种(如民猪、内江猪、大围子猪)性成熟还要早。排卵数与产仔数多是某些猪种的另一特点。大体可划分为多产型(如二花脸猪、嘉兴黑猪、金华猪、民猪)和常产型(如姜曲海猪、大围子猪、内江猪、大花白猪)。前者经产猪为 14～16 头，远远超过改良品种的 9～11 头，后者为 10～13 头，也略胜于改良品种。与国外品种不同，多产型初产母猪产仔数与经产母猪的差距大，相差 3～4 头，到 4～5 胎方达到高峰。香猪乃我国自然形成的小型猪，自成一寡产型，仅 8 头左右。

二是抗逆性强。主要表现在地方品种所具有的抗寒力、耐热力、耐粗饲能力，对饥饿良好的耐受力和对高海拔地区的适应能力等。

三是北方猪种都具有较强的抗寒能力。如民猪与哈白猪、河套大耳猪与长白猪成年母猪处于低温的对比中,发现比对照品种虽较长期暴露于严寒的户外,不颤抖,不嗥叫。初生仔猪对低温的适应能力也较强。如民猪与哈白猪相比,初生重虽较轻,生后半小时内肛温下降也较多,但恢复到常温所需时间并不比初生较大的哈白猪长。

四是地方猪种表现出比外国猪种耐热。猪在高温下,增加呼吸次数是调节体温的主要方式。如当人工控制气温由27℃生到38℃以上时,大花白猪的呼吸次数增加52.6次/分,长白猪增加60.8次/分。

五是地方猪种具有较强的耐粗饲能力。用饲粮中粗纤维的消化率作为度量的指标,用人工漏管测定粗纤维在猪盲肠中放置48小时后的消化率,结果证明,不论高粗纤维组(13.78%)还是低粗纤维组(3.78%),金华猪的粗纤维消化率均高于长白猪。

六是在对饥饿的耐受力方面,二花脸猪在低营养水平下体重仍有增加,比长白猪高一倍多。

七是在对高海拔地区的适应能力方面,内江猪是最优秀的代表,在高海拔地区具有很强的适应力,不表现任何疾病或降低食欲。而长白猪在相同的条件下却不断发病和死亡。

八是肉质鲜美。地方猪种素有肉质优良的盛名。突出表现在肉色鲜红,保水力强,肌肉大理石纹适中,肌纤维细和肌内脂肪含量高等几个方面。所有这些特点综合反映在人们的口感上,产生细嫩多汁和肉香味浓的感觉,加之肉色鲜红,故而对地方猪种的肉质得出色、香、味俱佳的印象。

②缺点　突出表现在生长缓慢,浪费饲料严重;早熟,屠

宰体重小；脂肪含量高，皮厚，不适应市场需要及人们的口味。

③*利用方式* 对于地方猪种的利用，我们必须坚持在地方猪种的基础上，引进外国优良品种进行杂交改良，使它们既保持本身所固有的优点，又可以产生与外国猪种相似的新优势，以满足人们更高层次的消费需求和养猪经济效益的提高。

(2)国外品种猪的优缺点

①优 点

一是生长速度快。在中国标准饲养条件下，20～90 千克肥育期平均日增重 650～750 克，高的可达 800 克以上，饲料转化率 2.5～3.0∶1；国外核心群生长速度更快，肥育期平均日增重可达 900～1 000 克，饲料转化率低于 2.5∶1。

二是屠宰率和胴体瘦肉率高。体重 90 千克时的屠宰率可达 70%～72%以上；背膘薄，一般小于 2 厘米；眼肌面积大，胴体瘦肉率高，在合理的饲养条件下，90 千克体重屠宰时的胴体瘦肉率为 60%以上，优秀的达 65%以上。

②缺 点

一是繁殖性能较差。母猪通常发情不太明显，配种较难，产仔数较少。长白和大白猪经产仔数为 11～12.5 头，杜洛克、皮特兰和汉普夏猪一般不足 10 头。

二是肉质欠佳。肌纤维较粗，肌内脂肪含量较少，口感、嫩度、风味不及我国地方猪种，出现灰白肉(PSE)和暗黑肉(DFD)的比例较高，尤其是皮特兰猪的灰白肉发生率较高，汉普夏猪的酸肉效应明显。

三是抗逆性较差。对饲养管理条件的要求较高，在较低的饲养水平下，生长发育缓慢，有时生长速度还不及我国地方猪种。

10. 什么是猪的性能测定?

猪育种的核心是进行选择,而单靠外形鉴别是不够的,一些性状需要精确度量,才能正确估计育种值,然后把育种值作为选择的依据,从而提高选择的准确性,所以对种猪重要经济性状进行性能测定是整个育种工作的基础。

所谓种猪性能测定,是按测定方案将种猪置于相对一致的标准环境条件下进行度量的全过程,包括使用测定信息和测定结果,如根据测定结果按标准进行评估、分级和良种登记等。

根据遗传学理论,按照改良计划和育种目标,设置标准化的条件准确度量和评定种猪,使种猪某些需要改良的性状得到最大的遗传改进量,从而制订的整套测定方案与技术操作规程通常称为种猪测定制度。根据测定方式、测定场所和测定结果应用范围的不同,测定制度可分为测定站测定和场内测定。测定站测定是将育种群种猪集中到中心测定站,在同一标准化环境条件下进行,经测定的优良种猪引入人工授精站,也可拍卖引入其他育种群,测定结果信息应用于全国。场内测定则多利用本场设施和技术力量,按全国或某一区域统一规定的方案和技术操作规程就地测定,测定结果主要用于本场的种猪选择。

在欧洲一些国家,由于范围较小,要求按国家统一制定的方案和规程,核心群种猪特别是公猪集中于严格控制条件的现代化测定站测定。而加拿大和美国等一些国家,则是设立测定站测定与农场测定相结合的测定制度。不同的测定制度由于选种准确性、选择强度与世代间隔不同,所获得的遗传进展也不尽相同。随着场间遗传评估技术的发展和电脑信息网络技术的应用，场内测定已成为种猪性能测定的主要方式，许多国家已拥有全国性的场内测定技术规范和遗传评估计划，场内测定的结果不仅应用本场的种猪选留，而且已被广泛应用于场间的种猪选择。

11. 种猪现场测定如何开展?

近几年，我国种猪生产性能测定技术发展较快，湖北、广东、北京等地区都先后成立了种猪生产性能测定站，同时国内一些较大的种猪企业都在不同程度开展种猪现场测定。

(1)测定性状 现场测定要测定哪些性状主要取决于该场种猪的选育目标、测定技术及测定设备情况，全国种猪遗传评估方案中共规定了 15 个测定性状，其中总产仔数、100 千克体重日龄、100 千克体重背膘厚这 3 个性状经济重要性大，因此农业部将这 3 个性状规定为种猪场的必测性状。其他性状如达 50 千克体重日龄、眼肌面积等作为辅助测定性状。

目前，我国大部分养猪生产企业已经把总产仔数、达 100 千克体重日龄、达 100 千克体重背膘厚作为基本的测定性状，有些有育种实力的种猪企业为了增加选种的准确性，对氟烷基因、酸肉基因等进行辅助测定选择。

(2)测定所需设备 总产仔数和达 100 千克体重日龄数据比较容易获取，达 100 千克体重活体背膘厚的测定对测定仪器和技术都有一定要求。测定和评估上述总产仔数、100 千克体重日龄、100 千克体重背膘厚这 3 个基本性状通常需要以下的设备：用于称猪的电子秤、B 型超声波测定仪、一台性能较好的电脑、种猪遗传评估软件。同时进行种猪性能测定还需要测定场家有完善的系谱资料。

称猪用的电子秤必须要精确稳定，形状以猪栏式为优，这样便于进行猪的背膘厚测定。活体背膘厚测定有2种设备，一种是A型超声波测定仪，另一种是B型超声波测定仪。A型超声波测定仪是单晶体接受声波，对肌体组织进行点估计，其准确性低于B型超声波测定仪。B型超声波测定仪采用多晶体结构，能实时、快速、准确地反馈声波形成清晰的图像，准确性较高。目前，很多种猪场都使用B超取代了A超，用于测定活体背膘的B超较为普遍使用的型号有：ALOKA500、ALOKA218、AMI900、ECM A8、A16等。

种猪遗传评估软件有如GBS、NETpig及软件包PEST等，育种软件GBS在我国很多种猪场已被广泛使用。

(3)测定方法 种猪场对参加测定的种猪应加以选择，同一批断奶仔猪里要选择生长发育良好、无疾患的，一般每窝至少挑选1公2母，并戴上耳号牌做好标记。

①*总产仔* 对分娩的母猪进行数据登记，包括：分娩时间、胎次、总产仔、活产仔、死胎、木乃伊、初生重，同时要登记初生仔猪的个体号。

②*达100千克体重日龄* 待测定猪体重达80～105千克左右进行空腹测定，将待测猪只驱赶到带有单栏的秤上称重，记录个体号、性别、测定日期、体重等信息，按实际体重和日龄可校正为达100千克体重日龄。

③*100千克体重活体背膘厚* 猪只称重后可进行背膘厚测定。测定背膘应在猪自然站立的状态下进行。首先要确定测定点，我国目前以倒数3～4肋之间，距背中线4～5厘米处作为测定点。若猪毛较厚，在测定前应对测定点剪毛，之后在测定点上均匀涂上耦合剂，将探头与背中线平行置于测定位点处，注意用力不要太大，观察B超屏幕变化。不同的B超所使用的探头不同，所显示的图像也不一样，但是测定图像选

择的基本原则为：图像清晰，背膘和眼肌分界明显，肋骨处出现一条亮线且图像清晰，当出现上述情况时即可冻结图像，使用操作面板上的标记(＋或×)对背膘上缘和下缘进行标记，B超会自动计算出背膘厚度，输出或打印该图像。将测定所得到的背膘厚度输入遗传评估软件，计算分析后可得出达到100千克体重的活体背膘厚度。

(4)数据分析 将测定数据输入数据库或育种软件系统中，可以根据校正公式将测定的数据校正到100千克体重，育种软件本身会自动将数据进行校正。

调出某个性状所有测定数据(近几年)，剔除不合理数据，使用最佳线性无偏预测(BLUP)法对该性状进行估计，运用此方法可对总产仔数、100千克体重日龄、100千克体重背膘厚进行估计育种值(EBV)估计，然后可计算EBV指数，筛选出该批测定猪，根据EBV及父系、母系指数进行排序，指数高的个体在遗传上种用价值高。也可单性状排序挑选出有特色的个体，结合现场体型外貌、生长发育状态最终确定哪些个体能进入核心群。

12. 猪群中公母比例多少合适?

在本交情况下公母猪的比例，许多养猪专家提出饲养150～200头基础母猪时，比例可在1∶15左右，但在长年分娩产仔情况下可以按1∶20配备。

当前在农村许多养猪户由于饲养母猪头数少(3～5头)，都是在母猪发情时现找公猪配种。但饲养10头以内母猪，可以饲养1头公猪(还可对外配种)。

一般情况下，母猪每次发情时配2次即可，其受胎率可达100%。在正常情况下，1头公猪1天配2次(早、晚各1次)

对猪的健康和生长发育没有影响，即或连续配3天也可以，况且猪群并不是在同一时期有许多头同时发情。假若养1头公猪，同时有2头母猪发情，在确切掌握2头母猪发情的先后次序时，可以先发情的先配，也可以早上配一头，下午配另一头，第二天早上再相互串配。必要时只配1次也可以，对受胎、产仔数无大影响。这就大大提高了公猪使用率。

在少养公猪多配母猪时，可注意以下2点：一是严格掌握母猪的配种适期，当猪发情时，用手按压背腰不动，头和尾侧摆，腿叉开就配；而当公猪赶来后，母猪有躲闪或勉强状时则不要配；二是母猪产仔后到断乳时，不要同时断几窝，这样发情不集中，有利公猪使用。

采用人工授精的公母比例为1∶200～300。

13. 如何选择后备种猪?

后备猪是指仔猪育成结束，到初次配种前留作种用的公母猪。培育后备猪的任务是获得体格健壮、发育良好、具有品种典型特征和高度种用价值的种猪。

(1)后备猪的选择要点

①身体健康并无遗传疾患　后备猪要生长发育正常，精神活泼，健康无病，并要求是来自无任何遗传疾患的家系的猪。猪的遗传病有多种，常见的有疝气、隐睾、偏睾、乳头排列不整齐、瞎乳头等，这些遗传疾病不仅影响生产性能的发挥，也给生产管理带来不便，严重的会造成死亡。

②体型外貌符合本品种特征　如毛色、耳型、头型、背腰长短、体躯宽窄、四肢粗细高矮等均要符合品种要求。例如长白猪要求毛色纯白，耳大且前倾，头小嘴长，体躯细长，后躯丰满，四肢细高，身体呈流线型，给人以清秀的感觉。

③生产性能高　繁殖性状是种猪最重要的性状，因此后备猪应选自那些产仔数多、哺乳能力强、断奶窝重大等繁殖力高的家系。同时，后备猪应具有良好的外生殖器官，如后备公猪应选择睾丸发育良好，左右对称且松紧适度，包皮正常，性欲高，精液品质好的个体；后备母猪要有正常的发情周期，发情征状明显，还需要注意外阴部和乳房的选择，应选乳头在7对以上，排列整齐，阴户发育较大且下垂的个体。后备猪生长发育性状或其同胞的肥育性状也是选择的重要依据，主要包括生长速度和饲料报酬两个方面，即后备猪应选择那些本身和同胞肉猪生长速度快，饲料报酬高的个体。另外，后备猪在6月龄时用仪器测量背膘厚度和眼肌面积，以此来表示本身的脂肪和瘦肉的生长情况，其他胴体品质性状只能通过屠宰其同胞来获得，后备猪应选自那些胴体品质和肉质良好的家系，这一点对于后备公猪更为重要。

(2)后备猪的选择时期

①断奶阶段选择　第一次挑选，可在仔猪断奶时进行。挑选的标准为：仔猪必须来自母猪产仔数较高的窝中，符合本品种的外形标准，生长发育好，体重较大，皮毛光亮，背部宽长，四肢结实有力，有效乳头数在14只以上（瘦肉型猪种12只以上），没有遗传缺陷，没有瞎乳头，公猪睾丸良好。

从大窝中选留后备小母猪，主要是根据母亲的产仔数和断奶仔猪数。由于窝产仔数是繁殖性状中最重要的性状，故依据产仔数为妥，断奶时应尽量多留。是否要考虑血统，须根据育种目标而定。一般来说，初选数量为最终预定留种数量公猪的10～20倍以上，母猪5～10倍以上，以便后面能有较高的选留机会，使选择强度加大，有利于取得较理想的选择进展。

②四月龄选择　主要是淘汰那些生长发育不良或者是有

突出缺陷的个体。

③六月龄选择　后备猪达6月龄时各组织器官已经有了相当发育，优缺点更加突出明显，可根据多方面的性能进行严格选择，淘汰不良个体。

凡体质衰弱、肢蹄存在明显疾患、有内翻乳头、体型有严重损征、外阴部特别小、同窝出现遗传缺陷者，可先行淘汰。要对公、母猪的乳头缺陷和肢蹄结实度进行普查。

其余个体均应按照生长速度和活体背膘厚等生产性状构成的综合育种值指数进行选留或淘汰。必须严格按综合育种值指数的高低进行个体选择，该阶段的选留数量可比最终留种数量多15%～20%。

④配种前选择　后备猪在初配前进行最后一次挑选，淘汰性器官发育不理想、性欲低下、精液品质较低的后备公猪和发情周期不规律、发情征状不明显的后备母猪。

⑤终选阶段选择　当母猪有了第二胎繁殖记录时可做出最终选择。选择的主要依据是种猪的繁殖性能，这时可根据本身、同胞和祖先的综合信息判断是否留种。同时，此时已有后裔生长和胴体性能的成绩，亦可对公猪的种用遗传性能做出评估，决定是否继续留用。

14. 选择种公猪一般有什么要求？

(1)选择种公猪应该考虑的一些性状　选择种公猪应该考虑的性状可以归纳成几类：一是行为方面；二是繁殖性能；三是饲料利用率；四是胴体品质；五是身体健全；六是体型结构。

①行为方面的性状　包括温驯、有气质以及和繁殖(性成熟及性欲旺盛)有关的性状。繁殖性能包括亲代和同胞母猪

的产仔数、泌乳力以及母性等。21日龄窝重(泌乳力)和母猪发情至再配种的时间间隔也是用来测定母猪生产性能的指标。行为性状和繁殖性状遗传力较低,但在杂交方式下却能表现出较高的杂种优势。因此,当我们选择公猪的这些性状时,应该考虑该公猪的亲代记录、同胎的记录以及其他有关的记录。

②饲料利用率性状　包括生长速度(日增重)和饲料增重比。这些性状具有中等的遗传力(20%～50%),在杂交育种上也有中等水准的杂种优势(5%～15%)。当我们选择公猪的这些性状时,只需考察公猪本身的性状表现,其他亲属的记录不太重要。

③胴体品质　公猪的身体结构或胴体品质的评估,可以用背膘厚、眼肌面积和瘦肉率来确定。在这些测定之中,背膘厚是评定猪肥瘦程度最重要的一个指标。胴体性状都有相当高的遗传力,但是在杂交育种上却表现出很低的杂种优势。因此,在选择公猪的这些性状时,只需考察公猪本身记录即可。

④身体健全和体型结构　和身体有关的性状包括:乳房部分(乳头间隔,乳头数目,乳头凹凸的情形);脚部和腿部的健全;骨骼的大小和强度;遗传缺陷(赫尔尼亚及隐睾);配种能力(软鞭、短阴茎)。体型结构性状包括体长、体深、体高及骨架大小、猪的雄性特征及睾丸的发育和外观。有些性状如体长、体高及乳房部分均有很高的遗传力,但是却表现出很低的杂种优势。这些性状经济重要性变异很大,在选择时要依照公猪本身的记录选拔。体型(结构健全、骨骼大小及骨骼强度)有很高的遗传力,同时杂交时有很高的杂种优势,在经济价值方面有较高的重要性。选择公猪时,以公猪本身的记录

为基础，同时注意其同胎的记录及其他相关的记录。

(2)选择种公猪时注意事项

选择公猪时应该考虑到的两个重要条件：一是选择的公猪能够保持猪群的生产水平；二是所选公猪能够改进猪群的缺点。

①公猪品种的确定　公猪品种的选择取决于杂交计划。目前，绝大部分公猪是从纯种育种场购买，只有一小部分是从商业性育种机构购买。无论从哪一种途径买来的更新公猪，均应是良好的公猪来源，而且这两种来源的猪都具有良好的经济性状。应注意如果把培育“纯种猪”和“杂交猪”作为一个有系统、有计划的育种计划时，那么杂交所得到的子代性能也较好；因此，不必过分关心公猪来源的问题，要多重视公猪本身的性能记录资料。选拔一头优良性能的公猪可改进猪群的弱点，同时也可增进其优点，因此，一个高性能猪群的成功条件就是使用性能优越的公猪。

②公猪的年龄　应该选择或购买 6～7 月龄的公猪，但开始使用的最小年龄必须达 8 月龄。大部分的公猪要到 7 月龄时才能达到性成熟，实际中有很多的公猪由于外表看起来够大就被使用，其实它们还年轻。所有的更新公猪应该在配种季节开始前至少 60 天就购入，这样就有充分的时间隔离检查其健康状况、适应猪场环境、训练配种或评定其繁殖性能。

③生产性能的记录　公猪的生产性能记录或公猪同胎的记录，在公猪的选择上是十分重要的参考资料。种猪育种场都应保存公猪的记录。当我们根据公猪的生产性能记录来选择时，仅选择猪群中或检定猪中性能最好的 50%，仅选择每胎分娩头数 10 头以上，断奶头数 8 头以上的猪只。

④公猪的系谱记录　系谱记载有公猪的祖先、血统，如果

再把生产性能的记录中的繁殖(泌乳能力、母性)等有关的性状也列在系谱中,是非常有用的。

⑤公猪的健康　猪群的健康状况是选择公猪应该考虑的重要因素之一。我们所购买的公猪必须是来自一个健康猪群,因此,在购买、选择公猪之前应该观察所有猪只的健康状况;凡是合格的育种者应该给公猪开出一张健康记录的证明。

⑥其他　可能的话,从检定过的猪只中选择最佳50%的公猪。

15. 选择种母猪一般有什么要求?

(1)种母猪的选择标准　母猪群的生产力,是商品猪生产的基础。母猪品种的好坏也直接影响商品猪的质量。遗传上,母猪所在窝仔猪数和该窝仔猪的断奶体重是由母亲遗传的,应依此选择母猪。身体健全和来自大窝的母猪,若生长速度、瘦肉率都高,就应留作后备母猪,反之,来自小窝的母猪不宜留种。

①健全的体型外貌　健全的体格是指没有缺陷或缺点。在选择后备母猪时,体格健全是指没有可以干扰到正常繁殖性能的缺陷或缺点。有3个方面应特别注意,即生殖器、乳房和骨骼。在选择后备母猪时,必须符合这3个方面的最低要求。

②健全的繁殖力　后备母猪应繁殖正常、外生殖器发育正常。阴户小的母猪,表明产道停留在发育前的状态,这种母猪不宜留种。

③乳腺功能正常　后备母猪应该有数目足够和功能健全的乳头,小母猪则至少要有6对相隔适当距离和完整的乳头,当后备母猪达初情期时,乳腺组织应该变得更显著,这样才表

示乳头发育正常。

④健壮的骨骼　脚部和腿部有问题的后备母猪，由于会干扰正常的配种、分娩和哺乳，因此，不宜保留。

(2)选择种母猪时应考虑的一些事项

①后备母猪品种的选择　母猪品种的确定，应以所选用的杂交体系为基础。规模化商品肉猪生产中的母猪大都采用长大或大长二元杂交母猪作为母本，二元母猪主要从专业的育种场购入。由于母猪每年淘汰，故应每年从育种场购入一定数量的后备母猪。对于小群自繁自养的猪场，可采用轮回杂交的方式每年从杂交后代中选留后备母猪，而公猪定期从育种场购入。这样虽然母猪的杂交优势利用不充分，但可以减少频繁引种的风险。

②选择母猪的年龄　拟作为种用的母猪，从初生时就应开始选择。首先，从产仔大窝中选择，若同窝中仔猪出现疝气、隐睾及其他畸形猪，则不选。备作种用的仔猪应打耳号做标记。断奶时，检查仔猪的乳头数，选留多于 12 个间隔均匀乳头的母猪。体重 90 千克时将选好的母猪与肉猪分开，进行限制饲养，提高饲料中微量元素和维生素的用量。观察后备母猪的初情期，做好记录，戴上耳号，2～3 个情期后开始配种。

16. 什么是猪的专门化品系?

猪的专门化品系培育及其配套繁育计划是养猪业育种工作发展的新阶段，也是养猪业加速集约化进程的重要表现。专门化品系的培育是按照育种目标进行分化选择，具备某方面突出优点，配置在完整繁育体系内不同阶层的指定位置，承担专门任务。由专门化品系配套繁育生产的系间杂种后裔，国内又称为杂优猪。杂优猪具有表现型一致化和高度稳定的杂种优势，适应规模化养猪技术工艺的要求。专门化品系一般分为父系和母系。父系集中生长、胴体和肉质性状优势；母系体现繁殖性状高的特点。通过父母系的配套杂交，可使商品猪综合体现父母系的特点，适应市场的要求。

猪的专门化品系配套杂交首创于荷兰，从 1958 年开始，经 10 年育成 4 个专门化品系，生产国际上认可的“亥波尔”杂优猪。英美等国也先后推出了赛克斯和迪卡等杂优猪。杂优猪的生长速度和瘦肉率提高 10%左右，每千克增重的饲料消耗降至 2.7 千克以下，但国外的配套系繁殖性能和肉质较差。中国猪种资源丰富，地方良种繁殖力高，肉质好。因此，在我国培育优质高产的配套系杂优猪，具有资源优势。1987 年国内已开始了这方面的研究工作，河北省已于 1994 年育成了我国第一个猪的专门化配套品系——冀合白猪。

17. 现有的配套系猪都有哪些？

20 世纪 90 年代，北京养猪育种中心从美国引入迪卡配套系种猪，在东北、华北、西北地区推广非常好，当时正值中国工厂化养猪从南到北全面展开，迪卡配套系种猪的推广，对推动配套系育种和配套系种猪推广以及我国工厂化养猪的发展起到了一定作用。PIC 是国外配套系种猪进入我国市场比较早的，后来又有斯格配套系、达兰配套系等相继进入我国市场。近年来育成了国内自己的配套系种猪，如光明配套系、深农配套系、华特配套系、冀合白猪配套系和中育配套系等。

(1)迪卡配套系 北京养猪育种中心 1991 年从美国引入迪卡配套系种猪(DEKALB)，是美国迪卡公司在 20 世纪 70 年代开始培育的。迪卡配套系种猪包括曾祖代(GGP)、祖代

(GP)、父母代(PS)和商品杂优代(MK)。1991年5月,我国由美国引进迪卡配套系曾祖代种猪,由5个系组成,这5个系分别称为A、B、C、E、F。这5个系均为纯种猪,可利用进行商品肉猪生产,充分发挥专门化品系的遗传潜力,获得最大杂种优势。迪卡猪具有产仔数多、生长速度快、饲料报酬高、胴体瘦肉率高的突出特性,除此之外,还具有体质结实、群体整齐、采食能力强、肉质好、抗应激等一系列优点。产仔数初产母猪平均11.7头,经产母猪平均12.5头。达90千克体重日龄为150天,料肉比2.8∶1,胴体瘦肉率60%左右,屠宰率74%左右。

(2)斯格配套系 斯格遗传技术公司是世界上大型的猪杂交育种公司之一。斯格猪配套系育种工作开始于20世纪60年代初,已有40年的历史。他们一开始是从世界各地,主要是欧美等国,先后引进20多个猪的优良品种或品系,作为遗传材料,经过系统的测定、杂交、亲缘繁育和严格选择,分别育成了若干个专门化父系和母系。这些专门化品系作为核心群,进行继代选育和必要的血液引进更新等,不断地提高各品系的性能。目前育成的4个专门化父系和3个专门化母系可供世界上不同地区选用。作为母系的12系、15系、36系3个纯系繁殖力高,配合力强,杂交后代品质均一。它们作为专门化母系已经稳定了近20年。作为父系的21系、23系、33系、43系则改变较大,其中21系产肉性能极佳,但因为含有纯合的氟烷基因利用受到限制。其他的3个父系都不含氟烷基因,23系的产肉性能极佳;33系在保持了一定的产肉性能的同时,生长速度很快;43系则是根据对肉质有特殊要求的美洲市场选育成功的。河北斯格种猪有限公司根据我国市场的需要选择引进23、33这2个父系和12、15、36这3个母系组成了5系配套的繁育体系，从而开始在我国繁育推广斯格瘦肉型配套系种猪和配套系杂交猪。

(3)PIC配套系　从20世纪70年代起，PIC公司开始了五元杂交实践，经过20世纪80年代，无论从理论上或实践上，PIC已经累积了许多经验。同时早已经在美洲、欧洲成功地推行了五元杂交制种体系。目前，PIC中国公司正在我国推广这一制种体系。PIC中国公司于1997年10月从其英国公司遗传核心群直接进口了6个品系共669头种猪。这些品系均是通过PIC公司遗传专家们的谨慎筛选和长期的试验而推荐的符合中国养猪生产国情的优良品系。PIC五元杂交体系在我国的推广，为中国现代养猪业带来了经济利益和高科技的福音。充分利用个体和母体杂交优势，特别是在祖代水平上提高制种生产效益，降低制种成本。因为通过多层次杂交，整个生产体系中所需要的纯种公母猪的数量大大降低；因为所需纯种减少，通过改良的种猪能更有效地、更快速地、在更大的范围推广；通过专门化育种，在五元杂交系统中，可以把不同品系的优点更佳地组合在一起，从而生产更好的商品猪(五元杂交商品猪)。

(4)达兰配套系　目前，荷兰有5家专业生产种猪的公司，有5个配套系模式：父系应用杜洛克、皮特兰、大白；母系应用大白、荷兰长白和芬兰长白合成。根据我国政府和荷兰政府协定，在北京西郊共同建立“中荷农业部-北京畜牧示范培训中心”，该中心所属一个种猪场，饲养荷兰达-斯坦勃公司育成的配套系种猪。属于四系配套的配套系种猪。

(5)光明配套系　光明畜牧合营有限公司从国内引进匈系和美系杜洛克作为配套系的父系，原斯格母系作为配套系的母系，自1988年开始进行配套试验，同时对杜洛克、斯格母系进行选育。通过配合力的测定，发现杜洛克公猪各个家系存在很大的个体差异问题。不经过配合力的选择，不经过测定工作，用其他杜洛克与光明斯格进行二元杂交，效果也会有很大的差异。

在进行品系组合试验的同时，着重针对原有配套系的父系、母系的优缺点在选育上进行分析研究。前期主要采用保血统、防近亲、延长世代间隔的继代、扩群方法，这样才保持了原种群的优秀基因而且种猪在风土驯化上更适应广东条件。

经过几年的选育，培育出了适应广东高温高湿气候，独具特色的光明父系、光明母系。光明父系肉色鲜红，体型好，生长速度快；光明母系是我国大量进口的外国猪种中唯一能够经历近 20 年的闭锁选育、风土驯化，不但不退化而且有较大提高的外来种群。斯格已成为我国重要的种质资源而推广到全国不同自然生态和畜牧经营方式的农场和地区，不但作为杂交利用的亲本，而且还被利用作为育种素材培育出新的品种，其中以哈白猪和斯格猪为基本素材培育的“军牧一号”已经通过国家审定，批准为猪新品种。

新配套系的父系达 90 千克日龄、活体膘厚平均值分别为：159.94 天、1.54 厘米；母系猪达 90 千克日龄、活体膘厚、初产仔数、经产仔数平均值分别为 167.13 天、1.67 厘米、10.22 头、10.97 头。其中生长性能及胴体指标的变异系数均在 10%以下，繁殖性能的变异系数在 20%以下，遗传性能稳定。自 1995 开始在香港市场中试，卖价逐步上升，深受香港市民的欢迎，被誉为“猪王”。1998 年光明猪配套系在 1998 年 7 月经国家畜禽品种审定委员会猪品种审定专业委员会审定，1999 年 7 月由农业部颁发畜禽新品种(配套系)证书。同年公司被确定为我国第一家供港活猪注册基地。

(6)华特配套系　华特猪配套系由甘肃农业大学等 5 个单位联合培育，包括 A、B、C 三个专门化新品系，是以甘肃白猪及其他地方品种“基因库”为原始素材，根据杜洛克、长白猪和大约克的生产性能和种质特性，结合 A、B、C 三个专门化瘦肉型猪新品系培育方向，利用现代育种手段，筛选出与杜洛克(D)有特殊配合力的 DA、DB 和 DABC 理想配套模式。1999 年通过甘肃省畜禽品种审定委员会审定。

华特猪配套系确定杜洛克为父系的父系，A 系为父系的母系，B 系为母系的父系，C 系为母系的母系。DA 为杂交父系，BC 为杂交母系。DABC 杂优猪为最终产品，其日增重平均 747 克，饲料利用率 3.38，瘦肉率 60.5%，肉质良好。

注意事项：使用华特猪配套系生产杂优猪应严格按照配套模式进行；若引入 A、B、C 专门化品系纯繁使用，应按照品系繁育的一般原则，有一定的种群数量；祖代不能纯繁，父母代不能留种。

(7)深农猪配套系　深农猪配套系由父系、母Ⅰ系、母Ⅱ系 3 个专门化品系组成。深农父系是以杜洛克猪为素材，母Ⅰ系是以长白猪为素材，母Ⅱ系是以大白猪为素材，于 1990 年组建基础群，经过 4 个世代选育而成。深农猪配套系由深圳市农牧实业公司培育，1998 年 8 月通过国家畜禽品种审定委员会猪品种审定专业委员会审定，1999 年 7 月农业部批准。

深农猪配套系具有生长速度快，饲料报酬高的特点。

深农猪配套系父系达 90 千克体重平均日龄为 149.41 天，背膘厚平均 1.41 厘米，饲料利用率 2.38；母Ⅰ系达 90 千克体重平均日龄为 161.97 天，背膘厚平均 1.50 厘米，产仔数平均 10.25 头，21 日龄断奶窝仔数平均为 9.24 头；母Ⅱ系达

90 千克体重日龄平均为 153.3 天，背膘厚平均 1.59 厘米，产仔数平均 10.5 头，21 日龄断奶窝仔数平均为 9.57 头。

深农猪配套系可在我国大部分地区饲养，较适宜规模化猪场。种猪适宜的环境温度为 15℃～20℃，注意防暑防寒，冬天进出猪舍要关门，炎热季节通风、淋浴降温等；建立科学的、严格的消毒防疫制度。

(8)罗牛山瘦肉猪配套系Ⅰ系　根据市场需求和实际条件，利用引进优良猪种资源，创建了罗牛山瘦肉猪配套系Ⅰ系，主要经济性状指标为，商品代肉猪平均 162 日龄达 100 千克体重，胴体瘦肉率 67%，肉质优良，父母代产仔数、产活仔数为 10.35 和 9.81 头。比迪卡猪配套系初、经产仔数分别多 1.09 头和 0.99 头，差异极显著($p<0.01$)，肉猪饲养缩短 19 天，差异极显著($P<0.01$)；瘦肉率提高 5.66 个百分点，肉质良好。研究的同时在企业内建立塔式繁育体系，前后仅用 3 年多时间推广新配套系种猪 15 000 多头，年生产规模达 20 万头，取代了原迪卡配套系。

(9)中育配套系　北京养猪育种中心经过 10 年的开拓和发展，运用现代育种理论和配套系技术，培育出了具有国际先进水平、适应我国市场需求的中育配套系。中育 1 号拥有 2 个祖代育种场，2 个父母代场，于 2001 年开始推出中育配套系系列中试产品。已经销售到黑龙江、辽宁、吉林、天津、河北、河南、山东、内蒙、宁夏、甘肃、新疆、青海、海南、广东、湖南和湖北等 28 个省、自治区及直辖市，产生了良好的经济效益和社会效益。

中育配套系 1 号是运用现代育种理论和配套系技术，先进的设备，培育出的具有国际先进水平、适应我国市场需求的配套系，中育配套系 1 号产仔性能高、生长速度快、瘦肉率高、饲料报酬率高、肉质优良。专门化母系 B06 总产仔数为初产 10.49±2.74 头,经产为 10.61±2.64 头,B08 总产仔数初产为 10.6±2.86 头,经产为 11.55±2.59 头。B06 达 100 千克体重日龄为 156.63 天,背膘厚为 13.48 毫米。B08 达 100 千克体重日龄为 153.46 天,背膘厚为 13.56 毫米。B68 初产总产仔数 10.63±2.78 头,产活仔数 10.47 头,经产总产仔数 11.65±2.59 头,产活仔数 11.12 头。B68 达 100 千克体重日龄为 151.34 天,背膘厚为 13.46 毫米。

专门化父系 C09 达 100 千克体重日龄为 153.6 天,背膘厚为 12.52 毫米,饲料利用率为 2.25, 瘦肉率 66.94%。C03 达 100 千克体重日龄为 159.52 天,背膘厚为 10.65 毫米,饲料利用率为 2.53, 瘦肉率 67.58%。C39 达 100 千克体重日龄为 149.05 天,背膘厚为 11.41 毫米,饲料利用率为 2.31, 瘦肉率 66.47%。CB01 达 100 千克体重日龄为 147.4 天,背膘厚为 13.32 毫米,饲料利用率为 2.27,瘦肉率 66.34%。

中育 1 号配套模式确定为四系配套,商品猪命名为中育 1 号(Chinese Breed 01)。

(10)冀合白猪配套系 冀合白猪配套系包括 2 个专门化母系和 1 个专门化父系。母系 A 由大白猪、定县猪、深县猪 3 个品系杂交合成,母系 B 由长白猪、汉沽黑猪和太湖猪、二花脸 3 个品系杂交合成。父系 C 则由 4 个来源的美系汉普夏猪经继代单系选育而成。冀合白猪采取三系配套、两级杂交方式进行商品肉猪生产。选用 A 系与 B 系交配产生父母代 AB,AB 母猪再与 C 系公猪交配产生商品代 CAB 并全部肥育。商品猪全部为白色。其特点是母猪产仔多、商品猪一致性强、瘦肉率高、生长速度快。

A、B 两个母系产仔数分别为 12.12 头和 13.02 头,日增重分别为 771 克和 702 克，瘦肉率分别为 58.26% 和 60.04%。父系 C 的日增重 819 克，料肉比 2.88∶1，瘦肉率 65.34%。父母代 AB 与父系 C 杂交，产仔数达 13.52 头，商品猪 CAB154 日龄达 90 千克，日增重 816 克，瘦肉率 60.34%，具有较好的推广前景。

18. 什么是二元杂交?

二元杂交又叫简单杂交，它是我国养猪生产应用最多的一种杂交方法（图 1-1），特别适合于我国农村的经济条件。一般农户家中饲养本地母猪然后与外种公猪，如长白公猪或大白公猪杂交生产商品肥育猪。随着集约化养猪的发展，可采用外种公猪与外种母猪的二元杂交，如长白公猪与大白母猪或大白公猪与长白母猪。二元杂交方法的优点是简单易行，可获得最大的个体杂种优势，并只需一次配合力测定就可筛选出最佳杂交组合。缺点是父本和母本品种均为纯种，不能利用父体和母体的杂种优势，并且杂种的遗传基础不广泛，因而也不能利用多个品种的基因加性互补效应。

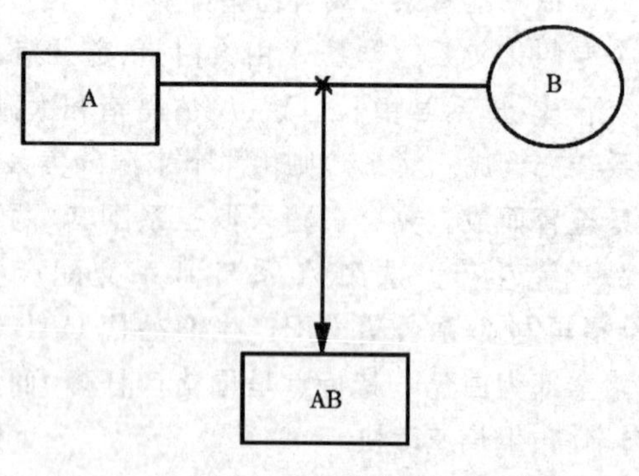

图 1-1　二元杂交

19. 什么是三元杂交?

由3个品种(系)参加的杂交称为三元杂交。先用两个种群杂交,产生的杂种母猪再与第三个品种(系)杂交后作为商品肥育猪(图1-2)。三元杂交在现代化养猪业中具有重要作用。在规模化猪场采用杜洛克公猪配长白与大白或大白与长白的杂种母猪,来生产商品肥育猪的三元杂交方法相当普遍,并已获得良好的经济效益。三元杂交方法的优点主要在于它既能获得最大的个体杂种优势,也能获得效果十分显著的母体杂种优势,并且遗传基础广泛,可以利用3个品种(系)的基因加性互补效应。一般三元杂交方法在繁殖性能上的杂种优势率较二元杂交方法高出1倍以上。三元杂交的缺点是需要饲养3个纯种(系),制种较复杂且时间较长,一般需要二次配合力测定,以确定生产二元杂种母猪母本和三元杂种肥育猪的最佳组合,不能利用父本杂种优势。

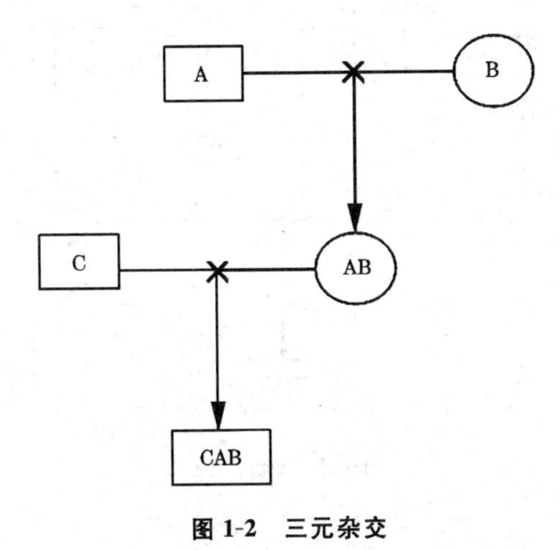

图1-2 三元杂交

20. 什么是四元杂交?

四元杂交又称双杂交。用 4 个品种(系)分别两两杂交,获得杂种父本和母本,再杂交获得四元杂交的商品肥育猪(图 1-3)。一些养猪企业采取皮特兰与杜洛克的杂种公猪,配大白与长白的杂种母猪,生产四元杂交的商品肥育猪。理论上讲四元杂交的效果应该比二元或三元杂交的效果好,因为四元杂交可以利用 4 个品种(系)的遗传互补以及个体、母本和父本的最大杂种优势。但许多研究表明,由于猪场规模的限制,特别是由于人工授精技术和水平的不断提高以及广泛应用,使杂种父本的父本杂种优势(如配种能力强等)不能充分表现出来。另外多饲养 1 个品种(系)的费用是昂贵的,且制种和组织工作更复杂,因此目前国际上更趋向于应用杜洛克×(大白×长白)的三元杂交。

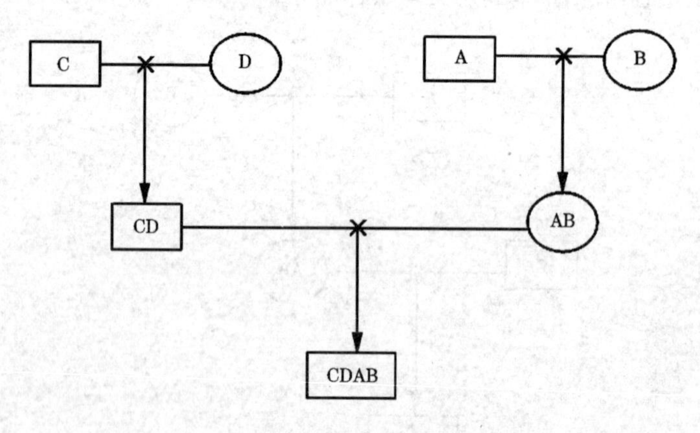

图 1-3　四元杂交

21. 什么是轮回杂交?

指由 2 个或 3 个品种(系)轮流参加杂交,轮回杂种中部分母猪留作种用,参加下一次轮回杂交,其余杂种均作为商品肥育猪(图 1-4、图 1-5)。在国外的养猪生产中,应用较多的是相近品种的轮回杂交,如长白与大白猪的二元轮回杂交或称互交。这种杂交方法的主要优点是能充分利用杂种母猪的母本杂种优势,公猪用量减少,并可利用人工授精站的公猪,组织工作简单,疾病传播的风险下降,是一种经济有效的杂交方法。如采用相近品种轮回,每代商品肥育猪的生产性能较一致,可以满足工厂化的生产需要。此方法的缺点是不能利用父本杂种优势和不能充分利用个体杂种优势;两品种(系)轮回杂交其遗传基础不广泛,互补效应有限;每代需更换种公猪(品种);配合力测定较繁琐。

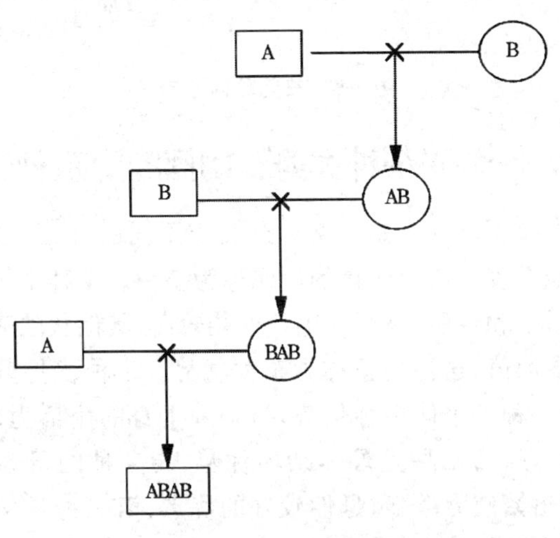

图 1-4 二元轮回杂交

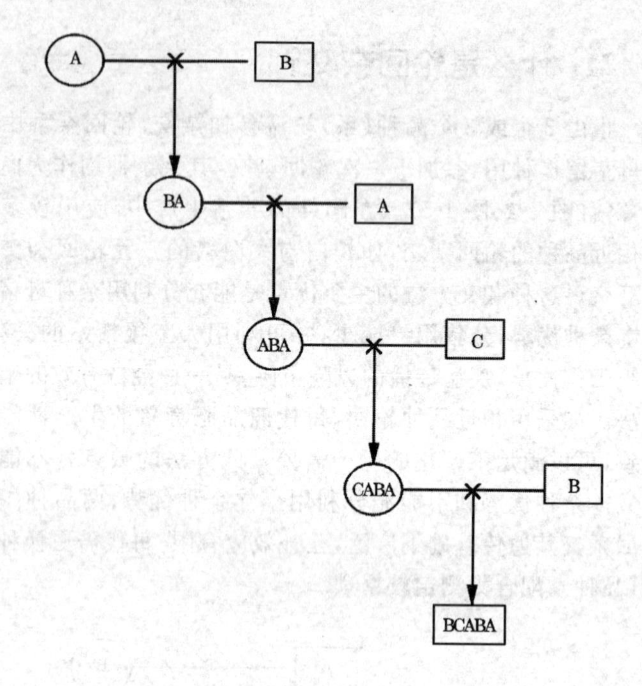

图 1-5　三元轮回杂交

22. 什么叫杂种优势？如何利用杂种优势？

首先要了解什么是杂交？杂交指不同品种、品系或类群间的交配系统。杂交所得的后代称为杂种。杂种个体通常表现出生活力和生殖力较强，生产性能较高，其性状的表型均值超过亲本均值，这种现象称为杂种优势。杂种优势分为三种类型：第一种是个体杂种优势，指杂种本身的生活力较高，生产性能较好；第二种是母体杂种优势，指杂种的母亲也是杂种，表现出繁殖力较强，母性较好的优点；第三种是父体杂种优势，指杂种的父亲也是杂种，其配种能力强、精液质量好、生产性能高。一般情况下，遗传力低的性状如猪的繁殖性状，杂种优势高；遗传力中等的性状如猪的生长性状，杂种优势中等；遗传力高的性状如猪的胴体性状，杂种优势低甚至为0。

杂种优势的利用已日益成为发展现代生猪生产的重要途径，杂交优势利用正由“母猪本地化，公猪良种化，肉猪一代杂种化”的二元杂交向“母猪一代杂种化，公猪高产品系化，商品猪三元杂交化”的三元杂交方向发展，广泛利用杂种优势、充分发挥增产潜力日趋成熟。

杂交优势主要取决于杂交用的亲本群体及其相互配合。如果亲本群体缺乏优良基因，或亲本纯度很差，或两亲本群体主要经济性状上基因频率无多大差异，或在主要性状上两亲本群体所具有的基因其显性与上位效应都很小，或杂种缺乏充分发挥杂种优势的饲养管理条件，都不能表现出理想的杂种优势。因此，生猪杂种优势利用需要有一系列综合配套措施，主要包括以下6项关键技术。

(1)杂交亲本种群的选优与提纯　杂交新种群的选优与提纯，是杂种优势利用的一个最基本环节。杂种必须能从亲本获得优良的、高产的、显性的和上位效应大的基因，才能产生显著的杂种优势。“选优”就是通过选择使亲本种群原有的优良、高产基因的频率尽可能增大。“提纯”就是通过选择和近交，使得亲本种群在主要性状上纯合子的基因型频率尽可能增加，个体间差异尽可能减少。提纯的重要性并不亚于选优，因为亲本种群愈纯，杂交双方基因频率之差才能愈大，不以纯繁为基础的单纯杂交的做法是错误的。纯繁和杂交是整个杂种优势利用过程中两个相互促进、相互补充、互为基础、互相不可替代的过程。

选优提纯的最佳方法是品系繁育。品系是品种内的一种结构单位，为了把本品种选育工作进行得更有成效，常把品种核心群化成若干个各具特点的品系。然后对品系进行繁育，这叫品系繁育。它是促进品种不断提高和发展的一项重要措施。品系的类型主要表现形式有：地方品系、单系、近交系、群系、专门化品系。品系繁育优点是品系比品种小，容易培育，容易选优提纯，容易提高亲本种群的一致性，有利于缩短选育时间，有利于提高本群体的相对一致性。能适应现代化生猪生产的基本要求。

(2)杂交亲本的选择 杂交亲本应按照父本和母本分别选择，两者选择标准不同，要求也不同。

①母本的选择 应选择在本地区数量多、适应性强的品种或品系作为母本，因为母本需要的数量大，种畜来源问题很重要；适应性强的容易在本地区基层推广。应选择繁殖力高、母性好、泌乳能力强的品种或品系作母本，这关系着杂种后代在胚胎期和哺乳期的成活和发育，因而影响杂种优势的表现，同时与降低杂种生产成本也有直接关系。在不影响杂种生长速度的前提下，母本的体型不要太大，以节约饲料为准，体型太大浪费饲料，增加饲养成本。以上几条应根据当地实际情况灵活应用。

②父本的选择 应选择生长速度快、饲料报酬高、胴体品质好的品种或品系作父本。选择与杂种所要求的类型相同的品种作父本，有时也可选用不同类型的父母本相杂交，以生产中间型的杂种。因父本的数量很少，所以多用外来的品种作杂交父本。具有这些特性的一般都是经过高度培育的品种，如长白猪、大白猪、杜洛克猪等。这些品种性状遗传力较高，种公畜的优良特性容易遗传给杂种后代。至于适应性与种畜来源问题可放在次要地位考虑，因为父本饲养数量较少。

(3)杂交效果的预估　不同种群间的杂交效果差异很大，只有通过配合力测定才能最后确定，但配合力测定费钱费事，生猪的品种品系又多，不可能每两者之间都进行杂交试验。因此在进行配合力测定前，应有大致的估计，只有那些估计希望较大的杂交组合，才正式进行测定，这样可节省很多人力物力，有利于杂种优势利用工作的开展，预估杂交效果要依据以下几点。

①*种群间差异大的，杂种优势也往往较大*　一般说来，分布地区距离较远、来源差别较大、类型及特长不同的种群间杂交，可以获得较大的杂种优势，因为这样的种群在主要性状上，往往基因频率差异较大，因而杂种优势也比较大。

②*长期与外界隔绝的种群间杂交，一般可获得较大的杂种优势*　隔绝主要有两种：一种是地理交通上的隔绝；另一种是繁育方法上的隔绝。有的是有意识地封闭群体繁育，有的是无意识的习惯。

③*遗传性能较低，在近交时衰退比较严重的性状，杂种优势也比较大*　因为控制这一类性状的基因，其非加性效应较大，杂交后随着杂合子频率的加大，群体均值也就有较大的提高。

④*主要经济性状变异系数小的种群，一般来说杂交效果较好*　因为群体的整齐度，在一定程度上可以反映其成员基因型的纯合性。

(4)配合力测定　配合力就是种群通过杂交能够获得的杂种优势程度，也就是杂交效果的好坏与大小。它是选配亲本和决定杂交成效的重要因素。由于各种群间的配合力是不一样的，目前人们还没有找到可以精确预测杂种优势的捷径，通过杂交试验进行配合力测定，还是选择理想杂交组合的必要方法，配合力包括一般配合力和特殊配合力2种。

一般配合力反映的是基因的加性遗传效应，是可以通过选育提高的，而特殊配合力是基因的非加性遗传效应，是难以预测的，为了提高畜牧业的生产效益，应该选育出一般配合力高的品种(或品系)，作为当家品种进行推广，用作杂交亲本，并通过杂交试验选定特殊配合力高的杂交组合供生产使用。

配合力测定时应注意以下几点：

①生猪常做的是肥育性能的配合力测定，在杂交试验时，试验生猪的选择、试验的开始与结束、预测期的安排、饲养水平与饲喂方式以及称重、记录等，均应按照肥育试验的规定进行。

②每次试验必须有杂交所涉及的全部亲本的纯繁组作对照。

③注意试验组与对照组各自群体的代表性，尽量减少取样误差。

④配合力测定应在与推广地区相仿的饲养管理条件下进行。

(5)杂交组合 杂交的目的是使各亲本的基因配合在一起，组成新的更为有利的基因型，猪的杂交方式有多种，前面已介绍我国目前常用的5种杂交方式：二元杂交、三元杂交、四元杂交、二元轮回杂交、三元轮回杂交。

(6)饲养管理 饲养管理是杂种优势利用的一个重要环节。因为杂种优势的有无和大小，与杂种猪所处的生活条件有着密切的关系，应该给予杂种猪以相应的饲养管理条件，以保证杂种优势能充分表现。虽然杂种猪的饲养利用能力有所提高，在同样条件下，能比纯种表现更好，但是高的生产性能是需要一定物质基础的，在基本条件不能满足的情况下，杂种优势不可能表现，有时甚至反而不如低产的纯种。

23. 生产中出现了异常猪毛色，如何解释？

现实生产中见到的猪毛色异常现象，有些尚不能完全解释，因为猪的毛色遗传非常复杂，但有一些现象可做出解释，如：

(1)我国近年来从欧洲、北美引进的大白猪、长白猪，纯繁后代有时出现黑斑，其原因可解释为在白毛猪抑制色素形成的I位点存在Ip等位基因，这个等位基因可表现黑斑。也有另一种可能，有的国家在长白和大白猪选育过程中可能导入了黑猪或黑花猪血统，其纯繁后代也会出现黑斑。

(2)大白、长白等白色品种与黑毛猪(如我国本地猪)杂交，后代通常应为全白，但我国不少地方反映后代出现了黑斑。对此现象可做如下解释：一是白色品种的I位点存在Ip(黑斑)等位基因；二是在杂合状态下，白色显性基因I(抑制色素基因)外显率不全；三是在大白、长白猪选育过程中导入了黑毛猪血统。

(3)杜洛克与长大母猪杂交，在正常情况下后代应为白色，但不少地方反映后代出现红毛。对此现象可解释为长大母猪不典型，至少在I位点可能为Ip，E位点可能为Ep，此种基因型与杜洛克杂交后代可出现红毛，这可从皮特兰与杜洛克杂交时后代表现红毛得以佐证。

其实猪的毛色和生产性能之间并没有直接联系，“毛色不纯”并不影响猪的性能表现，所以养猪生产者在购买猪时不要过分强调猪的毛色，而应着重看猪的生产性能表现。

24. 如何提高猪的肢蹄结实度？

肢蹄结实度，即猪的四个肢蹄的生长发育与整个机体协调的程度，用其结构、姿势和功能正常与否，说明与机体的协调性，是表明猪体质的一个重要部分。当肢蹄出现某些缺陷，且危害程度超过一定界限或阈值时，称为软弱肢蹄，相反称为结实肢蹄。

猪的肢蹄结实度，在种猪选择、养猪生产中具有重大意义。它是反映生产性能的一项重要性状，与种猪的其他生产性能比，其经济重要性有过之而无不及。如果一头种猪经过测定，选择指数很高，但由于患肢蹄病，就失去了种用价值。在饲养瘦肉型的种猪场，肢蹄软弱已成为危害性较大的疾患之一。

据报道，我国引进品种猪的肢蹄软弱综合征的发生率较高，70%的大白猪和长白猪呈不同程度的临床症状。

肢蹄力度由强到弱的品种序列依次为：杜洛克＞大白＞长白，与管围的大小序列一致。50 千克以下的种猪无明显的蹄裂临床症状，但可发现肢蹄的软弱性。随着体重的增大，从 50 千克开始出现蹄裂且肢蹄软弱症状的比例越来越高。蹄裂的发生率与生长肥育性能呈明显的正相关。裂蹄发生率由高到低的系列为：大白＞长白＞杜洛克。广东某猪场 2002 年公猪因裂蹄淘汰 12 头，其中大白占 67%，长白占 25%，杜洛克占 8%。3 个品种公猪同期测定期的日增重分别是 860 克、810 克、760 克。公猪裂蹄比母猪严重。

影响猪肢蹄结实的因素：

第一，遗传及选择方向。猪的肢蹄结实度具有低到中等的遗传力。因此，测定选择中，若过于强调生长速度，而忽视动物机体的适应能力，容易导致肢蹄病的发生。又如，我们要求“双脊”和丰臀的选择，但过度要求，后肢负担过重容易产生肢蹄无力。

第二，营养。一般认为，骨骼与关节损伤是引起肢蹄软弱综合征的主因，而软骨症与肢蹄软弱综合征的发生率和严重程度的关系，以及软骨症与裂蹄的关系是主要研究对象。软骨症开始于4月龄左右的快速生长阶段，营养供应不足尤其是微量元素及维生素的不足，容易导致骨骼发育不良，同时间接制约肌肉生长。

第三，环境与运动。硬度大、光滑度高的水泥地面是猪肢蹄软弱的诱发因素之一，运动不足使猪容易肢蹄软弱，裂蹄猪放到有沙石的运动场上运动，沙石钻进蹄裂，加剧了裂蹄的程度。

提高猪肢蹄结实度方法的探讨：

在引种和选育时，把肢蹄结实度作为一个重要指标列入选择项目进行长期选择，可以抑制现代猪肢蹄软弱综合征发生率的增加。不断筛选优良的饲料配方，以满足生长性能不断提高的种猪的营养需求，促进生长猪骨骼的正常发育。夏季，在种猪料中添加适量的油分，增大维生素及微量元素在饲料中的含量。尽量满足种猪对青饲料的需求。修建足够的无沙石的泥土地面运动场，提供国外种猪具有放牧习性的相对环境，不断锻炼种猪的肢蹄。

对猪肢蹄结实度的遗传改良尚处于探索阶段。解决肢蹄结实度问题是一个长期复杂艰难的课题，需要育种、病理、临床、营养、管理、环境等多学科的密切配合与共同努力。

25. 种猪场档案记录包括哪些内容?

对种猪进行选育首先要有一个基本记录档案。记录档案的内容包括:系谱记录、配种记录、母猪生产哺乳记录、种猪性能测定记录、屠宰测定记录、肉质分析记录、外形评定记录、猪舍饲料消耗记录、后备生长发育记录、防疫记录、疫病诊疗记录等。对记录主要有以下要求:

第一,应重视原始文字记录的保存。原始记录是指第一次观察或称重时的记录,应直接记录在相应的专用表格上,不要记在其他纸上,再重抄到正式表格上,在重抄时往往会发生错误。在实行无纸化记录(用电脑软件进行)时,亦应保存原始记录。

第二,记录应完整,不可缺页。要记录规定必须的项目,如出生日期,与配公猪、配种日期等,在仔猪断奶时称重,应记录个体重,不是全窝重。记录应按年度装订成册,妥善保管。

第三,对记录应定期分析,发挥记录对生产的指导作用。

二、猪舍建筑

26. 猪场的地形、地势有何要求?

猪场的地形是指场地的形状、大小、位置和地貌的情况;地势指猪场所建场地的高低起伏状况。

猪场的地形要开阔整齐,有足够的面积,并留有发展的余地。地形狭长和边角过多的地方不便于场地规划和建筑物布局,也不便于建造防护设施,同时使场区的卫生防疫和生产联系不便,因此这样的地形不适合建造猪场。面积不足会造成建筑物拥挤,给饲养管理、改善场区和猪舍环境及防疫、防火等造成不便。

猪场的地势要求为:

地势较高、干燥、平坦、背风向阳、有缓坡。地势低洼的场地易积水潮湿,夏季通风不良,空气闷热,易孳生蚊蝇和微生物,而冬季则阴冷。在我国,寒冷地区要避开西北方向的山口和长形谷地,以减少冬春季风雪的侵袭;而炎热地区则不宜选择山坳和谷地建场,以免闷热、潮湿及通风不良。有缓坡的场地便于排水,但坡度以不大于25°为宜,以免造成场内运输不便。在坡地建场宜选背风向阳坡,以利于防寒和保证场区较好的小气候环境。

27. 在选择猪场水源、水质时应考虑哪些问题?

在选择猪场水源时应遵循以下原则:水源水量必须能满

足猪场内人、畜生产及生活用水，以及消防等用水的需要，并应把今后发展所需增加的用水量考虑在内。各类猪每头每天的总需水量与饮用量分别为：种公猪 40 升和 10 升、空怀及妊娠母猪 40 升和 12 升、泌乳母猪 75 升和 20 升、断奶仔猪 5 升和 2 升、生长猪 15 升和 6 升、肥育猪 25 升和 6 升，这些参数供选择水源时参考。猪场用水水质要保证良好，卫生标准可参考生活饮用水标准。猪场水源水质应经常处于良好状态，不受周围环境的污染。猪场用水应保证取用方便，设备投资少，处理技术简便易行。

28. 建猪场对土壤有特殊要求吗？

土壤的物理、化学和生物学特性，都会影响猪的健康和生产力。猪场土壤要求透气性好，易渗水，热容量大，这样可以抑制微生物、寄生虫和蚊蝇的孳生，并可使场区昼夜温差较小。土壤化学成分通过饲料或水影响猪的代谢和健康，某些化学元素缺乏或过多，都会造成地方病，如缺碘造成甲状腺肿，缺硒造成白肌病，多氟造成斑釉齿和大骨节病等。土壤虽有一定的自净能力，但许多病原微生物可存活多年，而土壤又难以彻底进行消毒，所以，土壤一旦被污染，则多年具有危害性，选择场址时应避免在旧猪场场址或其他畜牧场场地上重建或改建。

为避免与农争地，少占耕地，选址时不宜过分强调土壤种类和物理特性，应着重考虑化学和生物学特性，注意地方病和疫情的调查。

29. 建猪场时如何考虑猪场周围的社会联系?

社会联系指猪场与周围社会的方便来往和相互影响。猪场场址的选择必须遵守社会公共卫生和兽医卫生准则,使其不致成为周围社会的污染源,同时也应注意不受周围环境的污染。因此不应在城市近郊建设猪场,也不要在化工厂、屠宰场、制革厂等容易造成环境污染的企业下风处或附近建场。猪场要远离飞机场、铁路、车站、码头等噪声较大的地方,以免猪只受到噪声的影响。猪场的位置要在居民区的下风处,地势要低于居民区,但要避开居民区的排污口和排污道。猪场与居民区的距离为:中、小型场应不小于 500 米;大型场应在 1 000 米以上。距一般畜牧场的距离为:距一般畜牧场不小于 500 米;距大型畜牧场不小于 1 000 米。距各种化工厂、畜产品加工厂的距离应在 1 500 米以上。

猪场饲料、产品、废弃物等的运输量很大,与外界联系密切,因此要求交通便利。但交通干线往往又是造成疫病传播的途径,故在场址选择时既要考虑交通方便,有要求据交通干线一定的距离,以满足猪场对卫生防疫的要求。一般情况下,猪场距铁路、国家一、二级公路的距离应不小于 500 米,主要公路 300 米,三级公路 200 米,一般道路 100 米(有围墙时可缩至 50 米)。猪场要有专用道路与公路相连。

在选择场址时还要保证有足够的电力供应。猪场应靠近输电线路,以减少供电投资。猪场,特别是大、中型猪场,为仔猪采暖用的局部采暖设备,还有猪舍通风设备、照明设备、饲料输送设备以及水泵、饲料加工设备等都需要使用电力,因此对电力的需求量是很大的。猪场电力负荷等级为民用建筑供电等级二级，要求电力供应充足。大、中型猪场还应配备自备电源，以备电网停电时应急之用。自备电源一般采用柴油发电机组。在大、中型猪场，应设置配变电站（室）其位置可根据以下因素综合考虑确定。

接近全场用电负荷中心，接近大容量用电设备。接近场外供电线路。进、出线方便，便于人员出入维修。

在选择场址时要避开风景旅游区、自然保护区、水源保护区和环境污染严重的地方，以利于环境保护和避免猪场受到环境污染。

30. 一个年产万头规模的猪场需要多大的占地面积？

猪场的占地面积主要根据猪场规模和饲养工艺而定，在一般情况下，猪场的占地面积应控制在表 2-1 的范围内。

表 2-1　猪场占地面积指标 *

生产规模（万头/年）	总建筑面积（米^2）	总占地面积（米^2）
0.3	4000	10000～15000
0.5	5000	18000～23000
1.0	10000	41000～48000
1.5	15000	62000
2.0	20000	85000
2.5	25000	101900
3.0	30000	121000

注：* 表中所给出的猪场占地面积不包括饲料加工厂的占地面积

当生产规模大于 3 万头时，宜分场建设，以免给疾病防治、环境控制和粪污等废弃物处理带来不便。

31. 猪场应分成几个功能区?

猪场一般可分为4个功能区,即生产区、生产管理区、隔离区和生活区。为便于防疫和安全生产,应根据当地全年主风向上下与地势高低,顺序安排以上各区,即生活区→生产管理区→生产区→隔离区。

(1)生活区　包括文化娱乐室、职工宿舍、食堂等。此区应设在猪场大门外面。为保证良好的卫生条件,避免生产区臭气、尘埃和污水的污染,生活区应设在上风向或偏风方向和地势较高的地方,同时其位置应便于与外界联系。

(2)生产管理区　包括行政和技术办公室、接待室、饲料加工调配车间、饲料储存库、办公室、水电供应设施、车库、杂品库、消毒池、更衣消毒和洗澡间等。该区与日常饲养工作关系密切,距生产区距离不宜远。饲料库应靠近进场道路处并在外侧墙上设卸料窗,场外运料车辆不许进生产区,饲料由卸料窗入料库;消毒、更衣、洗澡间应设在场大门一侧,进生产区人员一律经消毒、洗澡、更衣后方可入内。

(3)生产区　包括各类猪舍和生产设施,也是猪场的最主要区域,严禁外来车辆进入生产区,也禁止生产区车辆外出。各猪舍由料库内门领料,用场内小车运送。在靠围墙处设装猪台,售猪时由装猪台装车,避免外来车辆进场。

(4)隔离区　包括兽医室和隔离猪舍、尸体剖检和处理设施、粪污处理及贮存设施等。该区是卫生防疫和环境保护的重点,应设在整个猪场的下风或偏风方向、地势低处,以避免疾病传播和环境污染。

32. 猪场里不同猪舍如何排列?

猪舍一般应布置成横向成排,竖向成列。猪舍的排列形式有单列式、双列式和多列式3种(图2-1)。单列式适合于猪舍数量在4栋以下的小型猪场,双列式适合于猪舍数量较多的中型猪场,多列式适合于大型养猪场。如果场地条件允许,应尽量避免将猪舍布置成横向或竖向长条形,以免造成饲料、粪便等运输线路增长,管理和工作联系不便,建设投资增加。

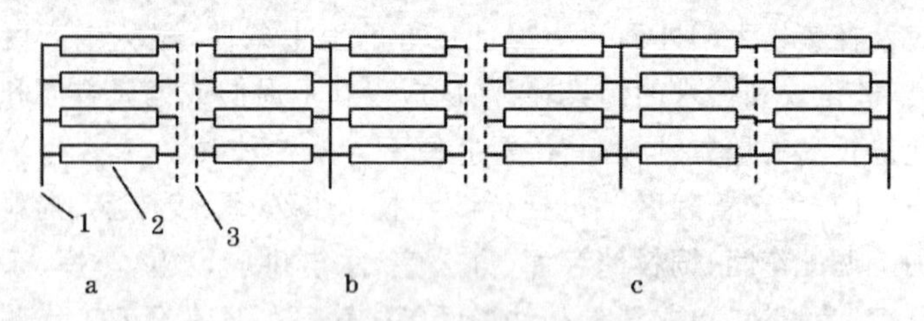

图2-1 猪舍排列方式

a. 单列式 b. 双列式 c. 多列式

1. 净道 2. 猪舍 3. 污道

在单列式排列中,猪舍两边的道路分别是运送饲料的净道和运输粪便等的污道;双列式布置通常将净道安排在中间,两边的道路为污道;多列式布置可根据实际情况安排净、污道。在使用饲料塔和干饲料自动输送设备贮存和输送饲料的猪场,双列式布置时宜将供饲养人员行走的净道安排在两边,污道安排在中间,同时在生产区的围墙外面设置供饲料运输车行驶的道路,以方便向贮料塔中卸饲料;多列式布置应尽量将最边上的2条或1条道路设置成净道以方便饲料运输车在生产区外向贮料塔中卸饲料,在中间必须设置供饲料运输车行驶的净道,两边砌围墙,同时在入口处设置车辆消毒池供饲料运输车消毒，以利于猪场的卫生防疫。

猪场生产工艺特点就是把养猪生产的全过程依次划分为空怀母猪的配种、妊娠母猪饲养、母猪分娩和哺乳仔猪饲养、保育猪饲养、生长猪及肥育猪的饲养等几个不同的生产阶段，并配置相应的专用猪舍，母猪长年均衡分批产仔，各生产阶段按批次实行“全进全出”工艺流程。各工序流水作业，全年连续、均衡、有节律地生产。根据生产工艺流程，母猪在空怀猪舍、配种猪舍、妊娠猪舍和分娩哺乳猪舍之间往复流动，而商品猪从分娩哺乳猪舍向保育猪舍、生长猪舍、肥育猪舍单向流动，最后由肥育猪舍经装猪台出场上市。因此猪舍的排列顺序应是：

公猪舍→空怀母猪、后备母猪舍→配种猪舍→妊娠猪舍→分娩哺乳猪舍→保育猪舍→生长猪舍→肥育猪舍。

在猪舍呈双列或多列布置时，除公猪舍等数量较少的猪舍外，其他猪舍的最少数量应尽量不少于猪舍的列数，以便使每列猪舍都能按顺序布置。

33. 猪舍应该什么朝向？

猪舍的朝向关系到猪舍的通风、采光和排污效果，根据当地主导风向和日照情况确定。一般要求猪舍在夏季少接受太阳辐射，舍内通风量大而均匀，冬季应多接受太阳辐射，冷风渗透少。因此，炎热地区，应根据当地夏季主风向安排猪舍朝向，以加强通风效果，避免太阳辐射。寒冷地区，应根据当地冬季主导风向确定朝向，减少冷风渗透量，增加热辐射，一般以冬或夏季主风与猪舍长轴有 30°～60°夹角为宜，应避免主风方向与猪舍长轴垂直或平行，以利防暑和防寒，猪舍一般以南向或南偏东、南偏西 45°以内为宜。

34. 猪舍间间距如何确定?

猪舍之间的间距主要根据光照、通风、防疫、防火和节约土地这5种影响因素来确定。在满足光照、通风、防疫和防火要求的前提下,应尽量缩短猪舍间距,以减少猪场占地面积,节约用地。根据理论计算和试验验证,当猪舍间距为猪舍高度H(一般按檐高计算)的3~5倍时即可满足光照、通风和防疫要求。根据我国建筑防火规范要求和猪舍结构,其防火间距为6~8米。在通常的猪舍高度下,当间距为3~5倍时,即可满足防火要求。在高纬度地区,宜取较大的间距,以充分保障后排猪舍冬季的光照。

35. 猪场里的道路有什么要求?

道路是猪场中的重要设施之一,它与猪场的生产、防疫有着重要的关系。

对猪场道路的要求是:道路直而线路短,以利于场内各生产环节最方便的联系;有足够的强度保障车辆的正常行驶;路面不积水,不渗水;路面向一侧或两侧有1%~3%的坡度,以利排水;道路一侧或两侧要有排水沟;道路的设置不应妨碍场内排水。

在生活、生产管理和隔离区,因与外界有联系,并有载重汽车通过,因此要求道路强度较高,路面应宽些以便于错车,路面宽5~7米。在生产管理区和隔离区应分别修建与外界联系的道路。

在生产区不宜修建与外界联系的道路。生产区的道路可窄些,一般为2~3.5米。生产区的道路应分设运输饲料等的净道和专门运输粪污、病猪和死猪等的污道,两者互不交叉,以保障场内的卫生防疫。

可根据当地条件，因地制宜地选择修路材料，猪场道路可修建成柏油路、混凝土路、石板路等。

36. 猪场里是不是应该设猪转群通道？怎么设？

为便于猪从一个饲养阶段向另一个饲养阶段转群（或出栏上市），猪场应设置转群通道。转群通道不仅可以方便赶猪，大大减轻饲养管理人员的劳动强度，提高工作效率，而且还可减缓猪因转群所产生的应激反应，有利于其健康和生产力的提高。

转群通道通常设置在舍外靠近污道处。一般情况下可分别设置两条转群通道。一条是从公猪舍到分娩哺乳猪舍；另一条是从保育猪舍到肥育猪舍和装猪台。断奶仔猪从分娩哺乳猪舍向保育猪舍转群时一般使用仔猪转运车，因此不需要转群通道。

当猪舍较长，舍内需要设置横向通道时，可用两道中间留门的隔断墙隔出横向通道，在两纵墙上相应部位设门，用通道将所有猪舍的横向通道连接起来，形成猪转群通道。这样设置的优点是可以减少猪转群时的移动距离，提高转群效率。但因转群时要从其他猪舍通过，因此会对猪场的卫生防疫产生不利影响。

猪转群通道净宽一般为 0.8～1 米，高 0.9～1.2 米（用于成猪的转群通道通常高 1.2 米）。通道地面宜采用水泥地面，向两侧或一侧有一定坡度以利于排水。通常墙体可用金属栅栏制成，也可用砖、石砌成实体或花格墙。在采用实体墙结构时底部要留出足够数量的排水孔，以利于降水和猪尿的排除，同时便于对通道清洗消毒。

在使用时应该注意，转群结束后应立即将猪遗留在通道上的粪便清除掉，以保持场区良好的卫生环境状况，并喷洒消毒液消毒。

37. 猪场的排水设施怎么建？

猪场的排水设施是排除雨、雪水所采取的工程设施。排水设施是养猪场重要的卫生设施之一。完善的排水设施可保证场地干燥，有利于改善场区环境状况，为人、畜创造良好的生存和生活环境。如果排水不畅，在雨季就会造成场地泥泞，不仅会直接影响猪的健康，使其生产力下降，而且还会给管理工作带来许多困难。

通常在猪场道路一侧或两侧设明沟排水，排水沟的截面为上宽下窄的梯形，上口宽300～600毫米，沟底有1%左右的坡度使水流畅通。沟底、沟壁可用砖、石或混凝土板砌筑，也可用土夯实并结合绿化护坡，防止塌陷。

有条件时，也可设置暗沟排水，暗沟用砖、石砌筑或使用水泥管、缸瓦管。但暗沟过长(超过200米)时应增设沉淀井，以免被淤泥堵塞而影响排水。在雨季到来之前应将暗沟中的淤泥清理干净，在雨季中也应定期清理，以保障暗沟的畅通。

全场的排水设施应连成网，最后由一总排水沟将雨、雪水排入附近的水体。

场地坡度较大的小型猪场，可采用地面、路面自由排水，在地势低的围墙内设有若干装有铁篦子的排水孔，雨雪水通过排水孔和道路排到场外。

应当注意的是，猪场排水设施不可与排除猪粪尿和污物的排污系统混用，以免使粪污等流入天然水污染环境，或使雨雪水流入污水处理系统而增加处理量和难度。

38. 为保障猪场的防疫安全，应建设哪些防护措施？

为保障猪场的防疫安全，防止场外动物和人员进入，必须采取必要的防护措施。猪场场界要划分明确，四周应建较高的实体密封围墙，防止场外动物和人员进入场内。在对防疫要求较为严格的种猪场和大型猪场，还可在场界四周建坚固的防疫沟，在沟内放一定深度的水，以彻底杜绝场外动物如老鼠等通过挖洞进入场区。防疫沟宽 1～1.5 米，深 1.5～1.7 米。沟壁和沟底用砖、石砌筑，然后用水泥砂浆抹面，也可用混凝土浇筑。

在场内各区之间也应设置较小的围墙或防疫沟。尤其是生产区，更应严密防护，彻底杜绝场外动物和人员进入。

在猪场的大门口，应该设置车辆和人员消毒池，对进入猪场生产管理区的场外人员和车辆进行消毒。对进场人员还应用紫外线消毒灯照射 3～5 分钟，以杀灭可能携带的病原体。应严禁场外人员和车辆进入猪场的生产区。同时，生产区的车辆也不能驶出生产区。

本场工作人员必须在消毒更衣室消毒更衣后才能进入生产区。

对猪场的一切防护设施，必须建立严格的检查制度予以保障，否则会形同虚设。

39. 猪场应建有哪些消毒设施？

消毒是猪场卫生防疫工作的重要组成部分。为了做好消毒工作，猪场必须配备完善的消毒设施。常用的消毒设施包括以下几部分：

(1)消毒更衣室(沐浴更衣室) 供本场生产人员进场消毒更衣用。应建在猪场生产区大门旁，室内应有消毒更衣柜、消毒洗手池，也可安装一至数只紫外线消毒灯或臭氧消毒机。有条件的猪场最好设立沐浴更衣室，供员工入场沐浴后换穿场内专用工作服、鞋。

(2)人行入场喷雾防疫消毒通道 供本场工作人员进入生产区进行防疫消毒用，与消毒更衣室相连通。喷雾消毒通道地面应建有消毒池，其长度约2米，宽度与通道尺寸等宽，深度为10厘米以上。

(3)车辆入场喷雾防疫消毒通道 供本场车辆出入养殖场生产区时消毒用，建于养殖场生产区大门处，其规格一般为3.5米宽，长度没有要求。

(4)粪便堆积发酵场(池) 用于粪便的贮存与发酵。有条件的可将粪便制作成生物有机复合肥或用来生产沼气。

(5)污水处理净化池 用于污水的沉淀净化。可采用多级沉淀发酵池法，有条件的最好采用固、液分离系统。

40. 猪场如何绿化?

(1)绿化规划时应遵循的原则 在规划设计前要对猪场的自然条件、生产性质、规模、污染状况等进行充分的调查。要从保护环境的观点出发，合理规划。合理地设置猪场饲养猪的类型、头数，从而优化猪场本身的生态条件。

猪场的绿化规划是总体规划的有机组成部分，要在猪场建设总规划的同时进行绿化规划。要本着统一安排、统一布局的原则进行，规划时既要有长远考虑，又要有近期安排，要与全场的分期建设协调一致。

绿化规划设计布局要合理，以保证安全生产。绿化时不能影响地下、地上管线和车间生产的采光。

在进行绿化苗木选择时要考虑各功能区特点、地形、土质特点、环境污染等情况。为了达到良好的绿化美化效果，树种的选择，除考虑其满足绿化设计功能、易生长、抗病害等因素外，还要考虑其具有较强的抗污染和净化空气的功能。在满足各项功能要求的前提下，还可适当结合猪场生产，种植一些经济植物，以充分合理地利用土地，提高整场的经济效益。

(2)场区绿化植物的选择

①场区林带的规划　在场界周边种植乔木、灌木混合林带或规划种植水果类植物带。乔木类的有大叶杨、钻天杨、白杨、柳树、洋槐、国槐、泡桐、榆树及常绿针叶树等；灌木类的有河柳、紫穗槐、侧柏；水果类的有苹果、葡萄、梨、桃等。

②场区隔离带的设计　场内各区，如生产区、生活区及行政管理区的四周，都应设置隔离林带，一般可采用绿篱植物小叶杨树、松树、榆树、丁香、榆叶等，或以栽种刺笆为主。刺笆可选陈刺、黄刺梅、红玫瑰、野蔷薇、花椒等，以起到防疫、隔离、安全等作用。

③场区道路绿化　宜采用乔木为主，乔、灌木搭配种植。如选种塔柏、冬青、侧柏等四季常青树种，并配置小叶女贞组成绿化带。也可种植银杏、杜仲以及牡丹、金银花等，既可起到绿化观赏作用，还能收药材。

④运动场遮阳林　在运动场的南、东、西三侧，应设1～2行遮阳林。一般可选择枝叶开阔、生长势强、冬季落叶后枝条稀少的树种，如杨树、槐树、法国梧桐等。

⑤车间及仓库周围的绿化　该处是场区绿化的重点部位，在进行设计时应充分考虑利用园林植物的净化空气、杀

菌、减噪等作用,有针对性地选择对有害气体抗性较强及吸附粉尘、隔音效果较好的树种。对于生产区内的猪舍,不宜在其四周密植成片的树林,而应多种植低矮的花卉或草坪,以利于通风,便于有害气体扩散。

⑥行政管理区和生活区　该区是与外界社会接触和员工生活休息的主要区域。该区的环境绿化可以适当进行园林式的规划,提升企业的形象和优美员工的生活环境。为了丰富色彩,宜种植容易繁殖、栽培和管理的花卉灌木为主。如榕树、构树、大叶黄杨、臭椿及波斯菊、紫茉莉、牵牛、美人蕉、葱兰、石蒜等。

综上所述,搞好猪场绿化是一项效益非常显著的环保生态工程,它对于环境的优化,对促进生猪健康,保证猪场生产的正常进行,塑造企业的形象都具有十分重大的意义。

41. 猪舍建筑的一般要求有哪些?

(1)符合猪的生物学特性和生产工艺　要求舍内空气清新,温、湿度环境符合猪只的要求。

(2)适合当地的气候和地理条件　我国幅员辽阔,各地的自然条件千差万别,因此对猪舍的建筑要求也不尽相同。南方地区气候炎热潮湿,主要应以防潮隔热为主;北方地区冬季寒冷,应以防寒保温为主;中部地区冬冷夏热,应兼顾保温与防潮隔热;沿海地区台风多,要加强猪舍的坚固性,使其具备抵抗台风的能力;山高风大多雪地区应特别注意猪舍屋顶的坚固性。

(3)便于实行科学的饲养管理　猪舍建筑应充分考虑到工作人员的操作方便,降低劳动强度,提高劳动生产率,并保障劳动安全。

(4)采用建筑统一模数制 为了便于采用工业和民用建筑中的标准图纸及标准构配件及便于施工，在确定猪舍的跨度、开间、门窗洞口等构造结构时，应尽量符合建筑统一模数制。建筑统一模数制是建筑结构、建筑制品等的规格间相互联系的总法则，是统一与协调建筑规格的标准。例如猪舍的跨度采用 4.5 米、6 米、7.5 米、8.4 米、9 米、10.5 米、12 米、15 米……开间对应采用 3 米、3.3 米、3.6 米……就符合建筑统一模数制，便于采用标准的梁、板、屋架等标准图纸和构件。

(5)猪舍跨度 夏季采用自然通风的猪舍，其跨度应≤12 米；采用机械通风的猪舍，其跨度应≤18 米，采用屋顶排风的猪舍跨度要＜12 米。

(6)猪舍长度 猪舍长度一般≤75 米。

42. 公猪舍在建筑上有何特点？

公猪舍多采用带运动场的单列式，舍内净高 2.3～3 米，净宽 4～5 米，并在舍外设运动场供公猪运动。给公猪设运动场，保证其充足的运动，可防止公猪过肥，对其健康和提高精液品质、延长公猪使用年限等均有好处。

公猪采用单栏饲养，公猪栏要求比母猪和肥猪栏宽，隔栏高度为 1.2～1.4 米，面积一般为 7～9 平方米，长 2.9 米，宽 2.4 米，栅栏结构可以是混凝土或金属。在大、中型猪场应建立专门的公猪舍。小型猪场可将公猪与空怀母猪、后备母猪和妊娠母猪饲养在一个舍内，单独设公猪饲养区。

运动场一般设置在公猪舍南墙外的背风向阳处。运动场地面通常为混凝土地面，要求平坦、防滑，有 1%～3%的坡度以利于排水和保持干燥。四周应设置围栏或围墙，其高度为 1.2～1.4 米。在围墙的底部要留排水孔，以便及时排出降水。运动场的面积以能够保障公猪有充分的自由运动为原则。通常的标准是15～30平方米。

43. 配种猪舍在建筑上有何特点？

在大、中型猪场可将空怀母猪、后备母猪和公猪饲养在配种猪舍中，并设置配种猪栏，公猪和后备母猪饲养区的舍外设置相应的运动场供猪运动。

在小型猪场，可以不单独设配种猪舍，而是将公猪和待配母猪赶到空旷场地或将母猪赶到公猪栏中进行配种。

44. 妊娠猪舍在建筑上有何特点？

妊娠猪舍地面一般采用部分铺设漏缝地板的混凝土地面。妊娠母猪采用单体或小群(4～5头为一群)饲养。一般每栏饲养妊娠母猪2～4头。圈栏的结构有实体式、栏栅式、综合式3种，猪圈布置多为单走道双列式。猪圈面积一般为7～9平方米，地面坡降不要大于1/45，地表不要太光滑，以防母猪跌倒。舍温要求15℃～20℃，风速为0.2米/秒。

45. 分娩哺乳猪舍在建筑上有何特点？

分娩哺乳猪舍简称分娩猪舍，亦称产仔舍。舍内设有分娩栏，布置多为两列或三列式。舍内温度要求15℃～20℃，风速为0.2米/秒。分娩栏位结构也因条件而异。

(1)地面分娩栏 采用单体栏，中间部分是母猪限位架，两侧是仔猪采食、饮水、取暖等活动的地方。母猪限位架的前方是前门，前门上设有食槽和饮水器，供母猪采食、饮水，限位架后部有后门，供母猪进入及清粪操作。可在栏位后部设漏缝地板，以排除栏内的粪便和污物。

(2)网上分娩栏　主要由分娩栏、仔猪围栏、钢筋编织的漏缝地板网、保温箱、支腿等组成。地板网距地面200～300毫米，分娩哺乳母猪生活在网床上。高床网上饲养可以大大提高仔猪的成活率。

分娩哺乳猪舍一般采用全进全出饲养工艺，所以在生产中宜将猪舍分割成若干个单元。每个单元饲养6～24头哺乳母猪（根据猪场规模而定），母猪分娩栏在单元内的布置一般采用双列三通道的形式。

46. 保育猪舍在建筑上有何特点?

仔猪断奶后就转入保育猪舍，断奶仔猪身体各功能发育不完全，体温调节能力差，怕冷，机体抵抗力、免疫力差，易感染疾病。因此，保育猪舍应能给仔猪提供一个温暖、清洁的环境。保育猪舍在冬季一般需有供暖设备，才能保证仔猪较适宜的生活环境温度。

仔猪保育可采用地面或网上群养，每圈8～12头，仔猪断奶后转入保育舍一般应原窝饲养，每窝占一圈，这样可减少仔猪的争斗。

为了便于卫生防疫和采用全进全出的工艺流程，保育猪舍正趋向于将猪舍分割成若干个单元，每个单元的猪同时转入和转出。待猪转出后，将单元进行彻底消毒后再进入下一批猪。

47. 生长猪舍在建筑上有何特点?

生长猪舍也叫育成猪舍。在猪场中，猪群按妊娠→分娩哺乳→保育→生长→肥育5个阶段饲养工艺饲养时，饲养生长猪的猪舍称为生长猪舍。

生长猪在生长猪舍饲养7～8周。一般采用地面饲养。

生长猪舍地面采用混凝土地面铺设部分或全部漏缝地板，猪栏布置通常采用双列或多列布置。

48. 肥育猪舍在建筑上有何特点?

肥育阶段是商品猪饲养的最后阶段。猪群在肥育猪舍饲养6～7周，体重达到90～100千克时即可作为商品猪出栏上市。

肥育猪舍的结构一般与生长猪舍相同。

49. 隔离猪舍在建筑上有何特点?

隔离猪舍的主要功能是防止外购种猪将传染病传入本场，并防止本场猪群的相互接触传染。隔离猪舍的饲养容量一般为全场母猪总头数的5%左右。

隔离猪舍要求卫生、护理条件好，易于实行各种消毒措施。与其他各类生产猪舍的主要区别如下。

隔离猪舍要位于猪场的下风向、地势最低处，且与其他猪舍保持一定的距离(防疫间隔)，最好单独设置排污系统。

除猪栏和通道外，还应设饲料贮存间和消毒管理间。

舍内猪栏为通用猪栏，各栏的食槽和粪尿沟彼此独立隔开以防交叉感染，相邻猪栏间的隔板应使用实体栏板以防猪只之间接触感染。

入口及出口处要设立消毒池，工作人员进出时都要严格消毒。

要设纱门、纱窗防止鸟雀进入，地面、墙脚和墙体可以防鼠害，粪尿沟出口处要设防鼠网，严防老鼠等小动物侵入猪舍而成为疾病的传染源。

(6)舍内作业一般均为人工操作，并要专人负责。隔离猪舍内的工作人员应尽量避免进入其他猪舍，无关人员严禁进入隔离猪舍，以免传播疾病。

50. 猪舍的地面有什么要求？

猪舍地面是猪活动、采食、躺卧和排粪尿的地方。地面对猪舍的保温性能及猪的生产性能有较大的影响。猪舍地面要求保温、坚实、不透水、平整、不滑，便于清扫和清洗消毒。地面一般应保持2%～3%的坡度，以利于保持地面干燥。土质地面、三合土地面和砖地面保温性能好，但不坚固、易渗水，不便于清洗和消毒。水泥地面坚固耐用、平整，易于清洗消毒，但保温性能差。目前猪舍多采用水泥地面和水泥漏缝地板。为克服水泥地面传热快的缺点，可在地表下层用孔隙较大的材料（如炉灰渣、膨胀珍珠岩、空心砖等）增强地面的保温性能。

51. 猪舍的门窗有哪些要求？

门一般设在山墙上，较长的猪舍通常在纵墙的中间也开设门。门的高度为2～2.2米，宽度为1.2～1.6米，为了使猪及车辆进出方便，一般不设门槛。门框应做成圆角以免猪受伤，门闩藏在门扉内，门上不允许留有钩子、钉子等凸起物。外门的门扉应该是双开的，而且要向外开。外门通向舍外道路的通道应是慢坡道。在寒冷地区，为了防止冷空气侵入猪舍，可在外门之外设置门斗，门斗通常比门宽1米，深度在2米以上。为了保温，门应严密，还可采用双层木门或镀锌钢板内衬保温材料的复合结构门，门外要挂棉或树脂门帘。窗户一般开在纵墙上，窗户的数量、大小、形状和位置不仅影响猪舍的采光,而且还直接影响猪舍的空气质量,因此在设置窗户时要统筹兼顾各种要求。在寒冷地区,在保证采光和夏季通风的基础上,要尽量少设窗户,窗户面积不宜过大,冬季迎风面的窗户要比背风面小些,必要时使用双层玻璃窗。在有条件的猪场,可以使用保温性能好的透明塑料板(阳光板)代替玻璃制作窗户,或者不设窗户而用阳光板作为一部分屋顶材料,以解决猪舍保温和采光的矛盾。在温暖地区,为了增加通风量,应适当多设窗户,并加大窗户面积。夏季为了防暑隔热,可在向阳面的窗户上增设遮阳篷。

52. 猪栏包括哪些种类?各自的特点是什么?

猪栏是工厂化养猪场的必备设备,用它来栏隔不同类型、不同日龄的猪群,形成猪场最基本的生产单元。猪合理的饲养密度、适宜的饲养环境、方便的饲养管理条件,都与猪栏的形式、结构、材料、排列组合方式有密切关系。

猪栏的结构、大小、高低以及栏杆的稀密、选材等均有区别。这些应根据猪群的特点进行设计。制造栏杆的材料,我国当前一般采用圆钢、扁钢和角钢等金属结构猪栏,有的采用钢筋混凝土预制的猪栏,成本最低的是砖砌的猪栏。

现行猪栏通常分为公猪栏和配种栏、(妊娠)母猪栏、产仔栏和哺育栏、保育栏、生长栏、肥育栏、后备母猪栏等。

(1)公猪栏和配种栏 目前的工厂化猪场,其公猪栏和配种栏的配置大多采用以下两种方式:第一种配置方式是待配母猪栏和公猪栏紧挨配置,3～4 个母猪栏对应一个公猪栏,不设专用的配种栏,公猪栏同时也是配种栏。断奶后待配的母猪则养在单体饲养栏。公猪栏在母猪栏的后方,每一个公猪栏放养一头公猪，这便于用公猪协助查出发情的母猪。当配种时，可将母猪栏内的母猪放出，让其进入公猪栏内进行配种，配种完成后，可将母猪赶回原来的母猪栏内。这种配置的优点是不会错过配种适宜时期，而且方便管理，提高劳动生产率。第二种配置方式是待配母猪栏和公猪栏隔通道相对配置，不设专用的配种栏，公猪栏同时也是配种栏，配种时把母猪赶至公猪栏内进行配种。公、母猪虽不能直接接触，但如果采用铁质围栏，亦可互相观望，有利于发情鉴定。

公猪一般是单体饲养，公猪栏的高度 1.1～1.2 米，每栏面积为 4～6 平方米，如果兼作配种栏，则面积应稍大一些。公猪栏的结构可以是混凝土的，也可以是金属的。为了保持和增强公猪的繁殖能力，有的公猪栏还设有露天运动场。

(2)妊娠母猪栏 现行工厂化猪场大多将妊娠母猪饲养在单体栏中，可避免母猪相互咬斗、挤撞、强弱争食，减少妊娠母猪流产，提高产仔成活率；便于观察母猪发情和及时进行配种；妊娠母猪按配种时间集中在一区中饲养，便于饲养人员根据妊娠期长短合理饲喂，方便操作，提高管理水平；猪栏占地面积小，可减少猪舍建筑面积；使用单体栏也便于实现上料、供水和粪便清理机械化。妊娠母猪单体限位栏一般都是采用金属结构，尺寸是长 2.1～2.2 米，宽 0.55～0.65 米，高0.9～1.1 米。

也可以把妊娠母猪饲养在大栏内，而在采食部位设置若干短栅栏、避免母猪因争食而发生咬斗。

(3)产仔栏和哺育栏 母猪产仔和哺乳是工厂化养猪生产中最重要的环节。设计和建造结构合理的产仔栏，对于保证母猪正常分娩、提高仔猪成活率有密切关系。工厂化猪场大多把产仔栏和哺乳栏设置在一起，以达到这个阶段饲养管理的特殊要求。

母猪和仔猪采食不同的饲料。

母猪和仔猪对环境温度的要求不同，母猪的适宜温度为15℃～18℃，而出生后几天的仔猪要求30℃～32℃。因此对哺乳仔猪要另外提供加温设备。

产仔母猪和初生仔猪对温度、湿度、有害气体和舍内空气流速等环境条件的要求严格。故产仔栏和哺育栏应容易清洁消毒，防止污物积存，细菌繁殖。地面粗糙度要适中，排水较好，清洗后易于干燥。地板太光滑容易使猪滑倒，太粗糙又容易擦伤小猪的脚和膝盖。空气要新鲜，但又没有疾风吹进来。

保护仔猪，以防被母猪压死、踩死，故应设保护架或防压杆等设施。

产仔哺育栏一般由3部分组成。

母猪分娩限位栏：它的作用是限制母猪转身和后退，限位栏的下部有杆状或耙齿状的挡柱，使母猪躺下时不会压住仔猪，而仔猪又可以通过此挡柱去吃奶。限位栏的尺寸一般为长2～2.1米，宽0.6米，高1米。限位栏的前面装有母猪食槽和饮水器。

哺乳仔猪活动区：四周用0.45～0.5米高的栅栏围住，仔猪在其中活动，吃奶、饮水。活动区内安有补料食槽和饮水器。

仔猪保温箱：箱内装有电热板或红外线灯，为仔猪取暖提供热量。这种产仔哺乳栏一般为金属结构，也有围栅用砖砌或用水泥板，而分娩限位栏仍用金属结构。全栏的长度为2.1～2.3米，宽度为1.5～2米。

一些工厂化猪场将产仔哺乳栏全栏提高0.4米左右，即成为母猪高床产仔哺乳栏，在分娩区和仔猪活动区各有一半金属漏缝板，一半木板，或全部为金属漏缝板。这种高床产仔哺乳栏使母猪和仔猪脱离了阴冷的地面，栏内温暖而干燥，清理粪便也很方便，从而改善了母猪和仔猪的生活条件，仔猪发病率大为下降，提高了冬春季节的仔猪成活率。

当前普遍使用的母猪限位架尺寸为 2.2 米×0.65 米，为了给待产母猪提供较宽敞的活动空间，可考虑将母猪限位架做成可调式，即在待产期间和产后 1 周内使限位架保持原有平面尺寸，第二周仔猪危险期过后调整为敞开式，呈现三角形，为母猪创造较大运动空间。同时这种做法也可减少母猪在限位架内蹲坐现象，避免造成仔猪被压死或压伤。

(4)仔猪保育栏 这种栏饲养的是断奶后至 70～77 日龄的幼猪。在此期间，猪刚刚断奶离开母体独立生活，消化功能和适应环境变化的能力还不强，需要一个清洁、干燥、温暖、风速不高而又空气清新的环境。大多采用的网上培育栏，网底离地面 0.3～0.5 米，使幼猪脱离了阴冷的水泥地面；底网用钢丝编织；栏的一边有木板供幼猪躺卧，栏内装有饮水器和采食箱。幼猪保育栏的尺寸一般为长 1.8 米，宽 1.7 米，高 0.7 米。每栏可饲养 10～12 头幼猪，正好养一窝幼猪。

(5)生长栏、肥育栏和后备母猪栏 这 3 种栏的结构形式基本相同，只是在外形尺寸上因饲养头数和猪体大小的不同而有所变化。生长栏和肥育栏提倡原窝饲养，故每栏养猪8～10 头，内配料槽和饮水器。生长栏的尺寸一般为长 2.7 米，宽 1.9 米，高 0.8 米，隔条间距 100 毫米。肥育栏的尺寸一般为长 2.9 米，宽 2.4 米，高 0.9 米，隔条间距 103 毫米；后备母猪栏一般每栏饲养 4～5 头，内配食槽，后备母猪栏的尺寸一般为长 2.1 米，宽 2.4 米，高 0.9 米，隔条间距 103 毫米。

53. 人工清粪对猪舍建筑有什么要求？

目前在我国的猪场中，人工清粪法可以减少用水量，从而减少猪场的污染物排出量而被大多数猪场采用。其对猪舍的建筑要求如下：

在采用高床网上饲养的分娩舍和保育舍中，人工清粪的粪沟结构见图 2-2。粪沟有斜面和平台 2 部分组成，平台横向有 1%左右的坡度以利于猪尿和污水流入尿沟。猪的粪尿从漏缝地板落下后，尿流入尿沟中，粪则留在平台上，由人工利用刮板等工具将其收集在一起，然后运到舍外。猪尿和废水则通过尿沟流到舍外的污水管道中，再经汇总后进行处理。为了便于操作和运输，需要留出 1～1.2 米宽的清粪通道，通道比漏缝地板低 0.6～1 米。

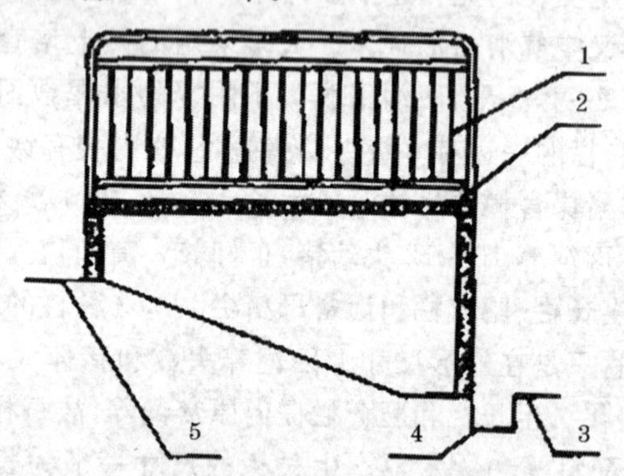

图 2-2 人工清粪粪沟结构示意

1. 猪栏 2. 漏缝地板 3. 清粪通道 4. 尿沟 5. 饲喂通道

在地面饲养的猪舍中，在猪栏内开一条宽 0.8～1 米、比地面低 20～50 毫米的排泄沟，沟中设置 1～2 个沉淀井，井深

500～800 毫米，井上铺设漏缝宽度较小(5～10 毫米)的漏缝地板，使其只能让猪尿和废水通过，猪粪则留在上面。整列猪栏的沉淀井用管道连通，污水通过沉淀井和管道流到舍外，再经汇总后处理。沉淀井中沉淀的少量粪便等固体物定期掏出运走。排泄沟中及栏内其他地方的粪便由人工清扫收集后运走。在寒冷地区采用这种清粪方式需要在猪栏外侧留出清粪通道。在温暖地区可以不留清粪通道，而是在每个猪栏的墙上开一个排粪孔，将收集的粪便从排粪孔送到舍外，再由人力或机动清粪车运至集粪场。

人工清粪只需用一些清扫工具和人力或机动清粪车，设备简单，投资少，节约用水，减少了污水排放，还可以做到粪尿分离，便于后续的粪便污水处理；其缺陷是劳动强度大，生产率低。深圳一个万头规模的猪场由水冲改成人工清粪后，日用水量由原来的 150 吨降至 80 吨。

54. 猪舍采暖方式包括哪些？

与其他建筑物一样，由于猪舍内外温差的存在，舍内外的热量交换时刻在进行。在冬季，如果想使舍内温度维持在一定水平上，由于围护结构不可能是绝热体，猪散发的体热往往也是有限的，这就需要对猪舍采暖供热。不过对于成年猪，一般尽量利用合理提高围护结构热阻和合理提高饲养密度等办法来增加保温能力和产热量，以尽量避免人工采暖。除严寒地区外，猪舍采暖往往只用于幼猪舍。

猪舍采暖分为集中采暖和局部采暖 2 种方式。集中采暖就是由一个集中的采暖设备对整个猪舍进行全面供暖，使舍温达到适宜的程度。局部采暖是利用采暖设备对猪舍的局部进行加热而使该局部区域达到较高的温度。局部采暖一般主要用于分娩舍的哺乳仔猪。因为哺乳仔猪要求30℃～32℃（后期20℃～30℃），而分娩母猪要求18℃～22℃的温度。这样，在舍温适宜分娩母猪的情况下，还要为仔猪提供较高的局部温度，以适应其对温度的较高要求。

55. 如何实现地面采暖？

近几年，由于地面采暖效率高、效果好，所以很多养猪场都采用了地面采暖方式。地面采暖包括热水管地面采暖和电热线地面采暖。

(1)热水管地面采暖 是将热水管埋设在猪舍的地面中，埋设深度为60～80毫米，在热水管的下面铺设隔热层和防潮层，以防止热量进一步向下传递和阻止地下水分上升。热水通过热水管将猪舍的地面加热，使得猪生活区域内温度适宜。热水管应埋设在猪的休息采食区。在分娩哺乳猪舍中，将热水管的大部分埋在仔猪活动区，这样可以满足母猪和仔猪对温度的不同要求。在其他猪舍中，热水管应均匀布置，以使地面温度均匀一致。热水管的间距为300毫米左右。

在热水管地面采暖系统中，热水可由统一的热水锅炉供应，也可在每个需要采暖的舍内安装一台电热水加热器提供热水。热水的温度由恒温控制器控制，范围为45℃～80℃。

通常使用聚丙烯塑料管或材质较软的铜管作为热水管。热水管直径根据猪舍内铺设热水管的总长度确定，一般为12～32毫米，应尽量选用较粗的管道，以减少水流的阻力。

(2)电热线地面采暖 以电力为能源，利用电热线加热猪舍地面而形成的采暖系统。其加热地面的原理与热水管地面采暖系统基本相同，只是以电热线代替热水管作为发热元件。电热线外包裹有聚氯乙烯胶带，其功率以7～23瓦/米为宜。

电热线安装在地面以下 37～50 毫米处，安装前应多次试验以确认其没有断路或短路现象。应设置恒温器控制电热线温度，每个恒温器控制 1～5 个猪栏，并在每个猪栏的电源开关处设置保险装置，以防电热线被烧坏。

在使用电热线地面采暖系统时尤其应该注意的是，在装有电热线的地面上应避免有金属栏杆和自动饮水器。

56. 局部采暖设备包括哪些？

局部采暖设备为猪舍的局部环境提供热量使其保持较高的局部环境温度的加热设备，一般用于分娩哺乳母猪舍内，为仔猪提供额外热量，以满足其对温度的较高要求。

最常用的局部采暖设备是采用红外线灯或远红外板，前者发光发热，后者只发热不发光，功率规格为 250 瓦，这种设备本身的发热量和温度不能调节，但可以调节灯具的吊挂高度来调节小猪群的受热量。但红外线灯泡使用寿命短，常由于舍内潮湿或清扫猪栏时水滴溅上而损坏，而电热板优于红外线灯。如果采用保温箱，则加热效果会更好，这种设备简单，安装方便灵活，只要装上电源插座即可使用。

电热保温板的外壳采用机械强度高、耐酸碱、耐老化、不变形的工程塑料制成，板面附有条棱，以防滑。目前生产上使用的电热板有 2 类：一类是调温型，另一类是非调温型的。电热保温板可直接放在栏内地面适当位置，也可放在特制的保温箱的底板上。

57. 有哪些猪舍降温系统？

在猪场中应用较为广泛的降温系统是滴水降温系统、湿帘－风机降温系统和喷雾降温系统。

(1)滴水降温系统 是一种经济有效的降温方式，适合于单体定位的公猪和分娩母猪。在这些猪的颈部上方安装滴水降温头，水滴间隔性地滴到猪的颈部，由于猪颈部神经作用，猪会感到特别凉爽。此外，滴水在猪背部体表散开、蒸发，对猪进行了吸热降温。滴水降温不是针对舍内环境气温降温，而是直接降低猪的体温。

(2)湿帘-风机降温系统 湿帘-风机降温系统已是一种生产性降温设备，主要是靠蒸发降温，也辅以通风降温的作用。由湿帘(或湿垫)、风机、循环水路及控制装置组成。湿帘降温系统在干热地区的降温效果十分明显。在较湿热地区，除了某些湿度较高的日数，这也是一种可行的降温设备。

湿帘降温系统中，湿帘的好坏，对降温效果影响很大，相对来说经树脂处理的做成波纹蜂窝结构的湿强纸湿垫降温效果好，通风阻力小，结构稳定，安装方便，可连续使用多年。当其垫面风速 1～1.5 米/秒时，湿垫阻力为 10～15 帕，降温效率 80%。

湿帘(或湿垫)也可应用白杨木刨花、棕丝、多孔混凝土板、塑料板、草绳等制成。白杨木刨花制成湿垫时，若增大刨花垫的厚度和密度，能增加降温效果，但也增大了通风阻力。白杨木刨花湿垫的密度为 25 千克/米^3，厚度为 8 厘米的结构较合理。刨花湿垫的合理迎风面风速为 0.6～0.8 米/秒。

每次用完后，水泵应比风机提前几分钟停车，使湿垫蒸发变干，减少湿垫长水苔；在冬季，湿帘外侧要加盖保温。白杨刨花湿垫一般每年都要更换一次，波纹湿强纸湿垫大约有 5 年使用寿命，其间往往不是强度破坏，而是湿垫表面积聚的水垢和水苔，使它丧失了吸水性和缩小了过流断面。在使用过程中，白杨木刨花会发生坍落沉积，波纹湿强纸也会湿胀干缩，这都会使湿帘出现缝隙造成空气流短路，降低应用效果，应注意随时填充和调整。

湿帘降温系统既可将湿帘安装在一侧纵墙，风机安装在另一侧纵墙，使空气流在舍内横向流动。也可将湿帘、风机各安装在两侧山墙上，使空气流在舍内纵向流动。

(3)喷雾降温系统 喷雾降温系统是将水喷成雾粒，使水迅速汽化吸收猪舍内热量。这种降温系统设备简单，具有一定降温效果，但使舍内湿度增大，因而一般须间歇工作。

一般情况下，喷雾是通过几个途径来发挥降温作用的：喷头将水喷成直径为 0.1 毫米以下的雾粒，雾粒在猪舍内漂浮时吸收空气中大量热能并很快地汽化；喷出的雾粒可以造成局部降温状态，使舍内空气对流；部分水分喷落在猪身上，直接吸收猪体上的热量而汽化使猪感到凉爽。

喷雾降温时，随着气温下降，空气的含湿量增加。到一定时间后（据试验 1～2 分钟），达到湿热平衡，舍内空气水蒸气含量接近饱和。此外，地面可能也被大水滴打湿。如果继续喷雾，会使猪舍过于潮湿产生不利影响，猪越小，影响越大，因此喷头必须周期性地间歇工作。这种舍内呈周期性的高湿，对舍内环境的不利影响相对要小得多。如果舍内、外空气相对湿度本来就高，且通风条件又不好时，则不宜进行喷雾降温。喷雾时辅以舍内空气一定流速可提高降温效果。空气的流动可使雾粒均布，可加速猪体表、地面的水分及漂浮雾粒的汽化。

对体大一些的猪的喷雾降温，实际上主要不是喷雾冷却空气，而是喷头淋水湿润猪的表皮，直接蒸发冷却。这种情况下对喷头喷出的雾粒大小要求不高，喷头可在每栏的上方设一个。喷头向下安装，形成的雾锥以能覆盖猪栏的 3/4 宽度为宜。用时间继电器将喷雾定为2分钟，每小时循环喷1次。喷雾压力2.7千克/厘米^2，喷头安装高度约1.8米。

58. 什么是发酵床养猪技术？有何优缺点？

发酵床养猪是近年从日本、韩国等地处亚寒带地区国家引进的一项新兴养猪技术，又称“自然养猪法”或“生物环保养猪法”，是利用有机垫料建成一个发酵床，通过添加商业化的微生物，猪排泄出来的粪便被垫料掩埋，水分被发酵过程中产生的热蒸发，猪粪尿经微生物菌的发酵后，得到充分的分解和转化，达到无臭、无味、无害化的目的，是一种无污染、无排放、无臭气的环保养猪技术。

(1)发酵床养猪技术的优点

①发酵床养猪可以减轻对环境的污染　不需要对猪粪采用清扫排放，也不会形成大量的冲圈污水，从而没有任何废弃物、排泄物排出养猪场，基本上实现了污染物“零排放”标准，大大减轻了养猪业对环境的污染。

②相对节省人力　由于不需要清粪，按常规饲养，能增强每员饲养量。

③正常情况下可节省药费　猪吃了微生物菌以后，能帮助消化，还在一定程度下提高猪群的抵抗力。同时发酵床养猪法减少了药物的使用，同时减小了猪肉的药物残留问题。

④节约水和能源　常规养猪，需大量的水来冲洗，而采用此法只需提供猪只的饮用水，能省水80%～90%；发酵床产生热量，猪舍冬季无须耗煤耗电加温，节省能源支出。

⑤能节省饲料　原理是粪便给菌类提供丰富的营养，促使有益菌不断繁殖，形成菌体蛋白，猪只通过拱食圈底填充料

中的菌体蛋白，补充了营养，因而在一定程度上可以相对节省一部分饲料。

⑥垫料循环利用　垫料在使用1年半后，形成可直接用于果树、农作物的生物有机肥，达到循环利用、变废为宝的效果。

(2)发酵床养猪的缺点　日本、韩国等国家地处亚寒带，在实践过程中确实效果明显，但在我国不少地区，许多养猪人经过试验后却发现发酵床养猪法也存在不少不足之处，主要体现在以下几个方面。

①发酵床养猪法猪舍内不能使用化学消毒药品和抗生素类药物，如果使用，将杀灭和抑制微生物(所谓的益生菌)或抑制其繁殖，使得微生物的活性降低，虽然推广的商业机构强调发酵床养猪疾病较传统饲养发病率会下降，但不是不会发生，而当猪场和猪群发生呼吸道疾病时，养猪者面临着两难的选择，不用药，猪生长速度缓慢，成活率和生长速度、饲料报酬均降低，利益得不偿失，另外，所谓的益生菌是不可能抑制病毒，当猪场发生蓝耳病、圆环病毒等常见病毒性疾病，或者口蹄疫、猪瘟等烈性传染病时，连化学消毒药都不能使用，单纯靠隔离治疗疫病是不可能受控制的，而一用药就不能再发酵了，并且病毒将长期存在在发酵床养猪猪舍的温床上，一旦发病将损失惨重。

发酵床养猪猪只不可能不得病，发酵菌种在这个浓度下是很脆弱的，相对于这些年来养猪造成的耐药菌根本不是对手。

②建设成本高，猪舍占地面积大。100平方米只能养50～70头猪(每头猪占地面积1.5平方米)，而目前规模化养猪可饲养100头，现有的猪舍不能用，要一大笔费用来改造

(要垫 3 尺厚的锯木,而且要杂木的)。

③养猪成本不一定能下降。有些发酵床养猪法的推广者强调一次性喷洒菌液可以维持很长时间的菌种生长。要知道,菌种的生长是和垫料的组成以及温、湿度直接相关。就目前所呈现的比较粗犷的垫料组成(垫料的组成成分还可以根据当地资源进行调配),能否对菌种的生长提供适宜的条件呢? 显然不行,那就需要定期喷洒,但菌液的成本代价又是非常高的,因为对浓度要求比较高,势必会增加成本。另外,猪在猪栏活动范围大,跑来跑去消耗能量,饲料报酬可能下降。

④发酵床是靠木屑、米糠等粉状物吸收猪的排泄物,而猪有拱食的习惯,木屑、米糠等粉状物会因为猪拱食而进入呼吸道,造成呼吸道疾病。

⑤发酵后在垫料中存在着大量的霉菌毒素,猪有拱食的习惯,猪只采食霉菌毒素后,常引起免疫抑制,抵抗力下降,饲料报酬不升而降。

⑥夏季猪舍内温度过高,影响猪只生长发育。日本是高层养猪,很多猪场猪舍内均装有空调,而发酵床养猪猪舍内发酵起来温度太高,夏天不利于猪只健康生长。特别是在我国的南方地区,本来气温就很高,发酵散热虽然表层温度并不高,但使猪所处的环境温度上升,猪只生长速度缓慢,饲料报酬有所下降。

⑦床面湿度必须控制在 60% 左右,湿度过低不利于微生物繁殖,并会导致猪发生呼吸系统疾病,而湿度过高猪寄生虫病危害严重,猪在啃食菌丝时将虫卵再次带入体内而发病,而且皮肤病危害严重。

⑧发酵床养猪法猪群转群较为不便,饲喂也较麻烦,如果没有配合较先进的饲喂设备,饲养员的劳动量不一定能降低。

⑨由于猪舍是半开放式的，受外界的环境变化的影响，如何使菌种在不同的气候条件下都能发挥较高的效率也是一个需要解决的问题。而且单位面积饲养猪的头数过多，床的发酵速度就会降低，不能迅速降解、消化猪的粪尿。

根据目前我国的实际情况，大规模推行发酵床养猪法仍值得探讨，客观地说，目前发酵床养猪法比较适合我国北方地区规模较小的养猪户（场）应用。

59. 猪场的污水如何处理？

养猪场的污水处理通常并不是仅采用一种处理方法，而是需要根据地区的社会条件、自然条件不同，以及猪场的性质规模、生产工艺、污水数量和质量、净化程度和利用方向，采用几种处理方法和设备组合成一套污水处理工艺，以下收集了一些我国近年来在各地研究采用的养猪场污水处理工艺。

(1)组合式稳定塘工艺 广东某规模化养猪场日产污水量 500 米^3/天，采用新型厌氧－兼氧组合式稳定塘工艺，该工艺主体的组合式稳定塘设计成倒置截头圆锥形，由下向上设置 3 个微生物反应区，即厌氧反应区、兼氧反应区、好氧和藻类生长区。污水由下向上自底部均匀向上流动，污水在塘内的停留时间为 12 天。整个厌氧－兼氧－组合稳定塘出水化学耗氧量（CODcr）的质量浓度保持在 3 000 毫克/升，CODcr 去除率一般为 70％左右，而传统厌氧塘 CODcr 的去除率为 50％左右，其处理效果得到显著提高，后续辅助好氧池采用活性污泥法，使 CODcr 等进一步降解，再利用高负荷氧化塘进行污水的硝化脱氮，最后通过藻类沉降塘及生物塘以达到出水水质要求。该工艺实际运行中 CODcr 平均去除率达 99.43％，5 日生物需氧量（BOD_5）平均去除率达 99.8％，固体悬浮物(SS)平均去除率为97.7%，NH_3-N平均去除率为93.45%。整个污水处理系统投资运行成本较低，运行期间只需一名运行管理人员，操作简单方便，其缺点是占地面积大，不适用于一些土地资源紧缺的地区。

(2)UASB+SBR工艺 采用上流式厌氧污泥床UASB反应器发酵工艺，产生沼气通过铺设管道供应给附近居民日常生活使用，使沼气得到充分利用，而所产生的沼渣通过好氧连续式生物堆肥发酵制成复合有机肥料投放市场，经济效益很好，沼液经过SBR池好氧处理后可进行农田灌溉，采用了钢筋混凝土结构使得总体投资成本提高，运行成本也较高，运行成本费用为29万元/年，即2.648元/立方厘米，但其沼气和沼渣利用也带来可观的经济效益，年获利可达72.5万元，综合效益十分显著。

(3)ZWD新型沼气池+生物循环处理工艺 福建省农科院研制的ZWD型沼气池是全国最先设计应用的顶盖直管进料，无活动盖，侧面中层大出料口的水压式沼气池型，克服旧式的水压式沼气进出料难、占用有效建造容积等缺点，设计的沼气池占地面积小，结构简单，操作方便，提高了产气率，经过在几个养猪场试投入运行，效果显著，并以此为基础，建立生态牧场，在畜牧场内建立沼气有机废物循环利用系统，提高生物物质循环利用系数，使沼气、沼液、粪渣全部得到充分的利用，确保污水实现零排放，适用于中小型养猪场污水处理。

(4)酸化+高速滤池+生物氧化塘 北京市大兴区某猪场饲养生猪5 000头，采用水冲清粪工艺，每日排污量为100～120吨，设计通过自然沉淀法对猪粪污水先进行固液分离，沉淀固体经过调整水分，添加肥料成分，进行堆肥处理，液体部分通过1个调节酸化池和2个串联的高速生物滤池进行厌氧好氧生物处理，处理后的污水进入生物氧化塘进一步降解蓄存，进行农田灌溉。污水通过处理总降解率可达到93%～97%，COD浓度最低达77毫克/升，可达到国家三级排放标准。

(5)凤眼莲生物系统处理工艺 污水经过前期的厌氧发酵后进入兼性氧化塘自然氧化，然后进入水生生物处理系统，先经增氧氧化塘氧化，然后进入一级凤眼莲吸收塘，出水经过自然氧化塘氧化后进入二级凤眼莲吸收塘，再进入沙滤床流入氧化塘，达到净化废水的目的。整个系统停留时间为30天，后期处理COD平均为314毫克/升，去除率达69%，总氮去除率达75%，当废水COD浓度≥800毫克/升，总氮(T-N)≥600毫克/升，溶解氧≤2毫克/升时，凤眼莲不能生长，为防止总氮、溶解氧超标，应在该系统前部设置一个增氧氧化塘，增加溶解氧量，凤眼莲的培育受多种外界条件限制，气候、温度与污水进水水质的变化都会直接影响最后出水水质。所以工艺的关键部分在于凤眼莲的培植驯化。经过猪场实际运行表明，凤眼莲水生生物系统处理养猪场废水耗资少，并能有效去除有机物，较适用于我国的畜牧场污水处理。

(6)强化预处理+高效折流厌氧反应器+氧化塘 北京中联环工程股份有限公司研究采用的集约化猪场废弃物系统，改变传统的水冲洗清粪方式，利用重力引流清粪，节省大量水源(约50%)，减少后续粪污处理工程，液体部分与猪舍冲洗水混合进入高效折流厌氧反应器(ABR)进行厌氧污水处理，通过一系列的实验，进水BOD 3 000毫克/升，折流厌氧反应器的容积可达4～8千克COD/天，污泥浓度20千克/米^3。出水COD、BOD去除率在80%以上，选用氧化塘作为厌氧消化后续处理工艺，减少了工程投入，整个系统化处理实现猪场生产的“零污染”排放。

(7)AOF 工艺 由深圳某公司研发设计的 AOF 处理工艺，采用预处理、生物处理和精处理技术路线，使废水 COD 浓度由 6 000～15 000 毫克/升降至 100 毫克/升以下。工艺通过生物处理采用高效厌氧污泥池和高效好氧生物处理设备，最后经过精处理去除残留的污染物，使废水稳定达标排放，该项实用技术在深圳、北京等地的数家大型养猪场，均获得较好效果。

(8)多级酸化-人工湿地处理工艺 华南农业大学研究的畜禽舍粪便污水多级酸化与人工湿地串联处理工艺，粪便污水经固液分离后进入酸化池，进行酸化调节，然后进入四个串联人工湿地进行处理，最后通过净化池后，即可达标排放，通过该工艺的运行可使 COD 由 1 500 毫克/升降至 98.4 毫克/升，BOD_5 由 9 000 毫克/升降至 49.4 毫克/升，SS 由 18 600 毫克/升降至 51.5 毫克/升。硫化物由 480 毫克/升降至 1.3 毫克/升。整个工艺系统实现自流化，不需要动力，节省能源，减少了 60%的运转费，且能有效地去除污水中的重金属。

(9)固液分离机处理工艺 福建省农科院地热所研制的 FZ-12 固液分离机，采用机械振动对养猪场粪污水进行固液分离，处理污水能力大于 12 米^3/小时，TS、COD_{cr}、BOD_5 去除率分别为 62.6%、61.2%、57.5%，有效降低污水浓度，使污水的 COD 浓度降到 4 000 毫克/升左右，有利于后续厌氧发酵处理，粪渣可回收制作出售，经济效益可观，经机械分离固液分离后的污水再经过厌氧沼气发酵，产生的沼气作为小猪保温供热能源，而排放污水处理后可进行养鱼及农田灌溉，由于前期处理采用了固液分离机，与传统养猪场污水处理相比，后期投资及运行费用大大减少，所以整体项目投资减少。该项固液分离机的设计已经获得国家专利。

(10) CFW 型畜禽污水处理工艺 采用目前先进的UASB高效生物厌氧反应器和已有专利的一种改进的曝气生物滤池技术，运用于上海某养猪场，其圈养规模为6 000头年，该工艺实际污水处理能力达400米^3/天。畜类污水经固液分离去除大块杂物后进入无游离氧的高效厌氧反应器(UASB)，厌氧生物降解后再进入后续曝气生物滤池，池内装有由陶粒组成的填料，污水进入后进行曝气反应。经检测，出水中的CODcr≤250毫克/升、BOD_5≤104.2毫克/升，NH_3-N≤85.8毫克/升，整体工艺运行稳定，运行费用低，出水水质稳定，但由于采用的工艺和设备较先进和复杂，运行过程中管理较为重要，对管理人员的要求高。

目前国家对环境污染整治力度的不断增强，地方上也加强了畜牧业污水处理设施的建设，但往往因为运行费用过高而导致建成后就闲置不用，造成资源浪费，环境污染问题却仍得不到妥善解决。针对这些问题，综合考虑养殖场的污染治理投资能力及地区区域特征，研究采用适合不同地区的经济高效污水处理工艺。除了以上一些目前国内应用较广泛的养猪场污水处理工艺外，国外目前也有许多研究较为成功的厌氧处理、好氧处理以及天然净化处理工艺，其中包括采用厌氧塘－兼性塘－好氧塘工艺，也有日本一猪场采用的中温甲烷发酵、稀释－淹没式滤池工艺，还有加拿大猪场采用的固液分离高效好氧反应器－曝气塘－灌溉工艺等。将污水处理工厂化和自然生物处理，好氧和厌氧处理进行有机组合以求达到最佳处理效果。

60. 集约化养猪的工艺流程是什么样的?

集约化养猪的目的是要摆脱分散的、传统的季节性的生产方式,建立工厂化、程序化、长年均衡的养猪生产体系,从而达到生产的高水平和经营的高效益。现多采用4阶段饲养工艺。

(1)配种妊娠阶段 在此阶段母猪要完成配种并渡过妊娠期。配种约需1周,妊娠期16.5周,母猪产前提前一周进入产房。母猪在配种妊娠舍饲养16～17周。如猪场规模较大,可把空怀和妊娠分为2个阶段,空怀母猪在一周左右时间完成配种,然后观察四周,确定妊娠后(可采用公猪试情或妊娠诊断仪)转入妊娠猪舍,没有配准的转入下批继续参加配种。

(2)产仔哺乳阶段 同一周配准的母猪,要按预产期最早的母猪,提前一周同批进入产房,在此阶段要完成分娩和对仔猪的哺育,哺育期为5周(或4周),母猪在产房饲养6周(或5周),断奶后仔猪转入下一阶段饲养,母猪回到空怀母猪舍参加下一个繁殖周期的配种。

(3)断奶仔猪培育阶段 仔猪断奶后,同批转入仔猪培育舍,在培育舍饲养5～6周,体重达15～25千克以上。这时幼猪已对外界环境条件有了相当的适应能力,再共同转入肥育舍进行肥育。

(4)生长肥育阶段 由育仔舍(仔培舍)转入生长肥育舍的所有猪只,按生长肥育猪的饲养管理要求饲养,共饲养15周,体重达90～100千克时,即可上市出售。生长肥育阶段也可按猪场条件分成中猪舍和大猪舍,这样更利于猪的生长。

通过以上4个阶段的饲养,当生产走入正轨之后,就可以实现每周都有母猪配种、分娩、仔猪断奶和商品猪出售,从而形成工厂化饲养的基本框架。

一个现代化养猪场建场要有严格的规划与设计，工艺流程确定以后，按猪场工艺设计要求，安排配种妊娠舍栏位、产房栏位、育仔舍栏位和肥育舍栏位。场内猪群的周转、建筑的合理利用，都必须和生产工艺、防疫制度、机械化程度紧密联系，以做到投产后井然有序，方便管理。

61. 如何计算猪群结构和各类猪的栏位数?

养猪生产工艺是流水式和有节律的作业，要求严格按全进全出的作业方式生产。为了充分利用现有设备、圈舍和猪栏等，减少折旧分摊，降低生产成本，要精确计算猪群结构和长年各类猪的存栏头数。现将万头商品猪长年存栏数计算演示如下。

(1)成年母猪头数 成年母猪头数＝万头商品肉猪/每头成年母猪年提供商品猪。依每头母猪年提供商品肉猪 18 头计，共需养母猪 556 头；若每头母猪年提供 16 头商品猪，则为 625 头。

(2)后备母猪头数 母猪年更新率为 33%，后备母猪头数＝年总母猪头数×年更新率，即 556×33%＝183(头)。

(3)公猪头数 公母比例为 1∶25，公猪头数＝母猪总头数×公母比例＝556×1/25＝22(头)。

(4)后备公猪头数 公猪年更新率为 33%，后备公猪数＝公猪总头数×年更新率，即，22×33%＝7(头)。

(5)待配母猪、妊娠母猪、哺乳母猪栏位的计算

①先计算各类猪群在栏时间

待配母猪在栏时间＝待配(7 天)＋妊娠鉴定(21 天)＋消

毒(3 天)=31(天)；

妊娠母猪在栏时间=妊娠期(114 天)-妊娠鉴定(21 天)-提前进入产房(7 天)+消毒(3 天)=89(天)；

哺乳母猪在栏时间=提前进入产房(7 天)+哺乳(35 天)+消毒(3 天)=45(天)；

上述三项总在栏时间=31(天)+89(天)+45(天)=165(天)。

母猪在各栏舍的饲养时间比例分别为：

待配舍=31/165=18.8%；

妊娠舍=89/165=53.9%；

哺乳舍=45/165=27.3%。

556 头母猪按上述比例分配，即待配舍有母猪 556×0.188=104.5=105 头；妊娠舍有母猪 556×0.539=299.7=300(头)；哺乳舍有母猪 556×0.273=151.8=152(头)。

②母猪饲养原则与所需栏位

待配母猪舍 4 头母猪一个栏位(9 平方米)，105/4=26.3 需 28～29 个栏位。

妊娠母猪舍 4 头母猪一个栏位(9 平方米)，300/4=75 需 77～78 个栏位。

如采用限位栏，1 头母猪一个栏位，则需 300～310 个栏位。

哺乳母猪舍 1 头母猪一个栏位，152 头母猪需 152～160 个栏位。

(6)保育仔猪舍的栏位　保育仔猪在栏饲养时间 35 天，加消毒 3 天，共 38 天。可与哺乳母猪的栏位数相同，即152～160 个栏位。

(7)肥育猪舍的栏位　肥育猪的饲养时间为 90～100 天，

加消毒3天,共103天。饲养原则为一窝(8～10头)为一栏,其饲养时间是保育猪的2.7倍,故应是保育猪舍数的2.7～3倍,为432～480个栏位。

根据以上所需栏位数,就可以设计一个万头商品肉猪场所需的猪舍栋数及相关附属用房。

三、猪的饲料配制

62. 生猪健康高效养殖对饲料原料有何要求?

目前,猪用饲料原料多种多样,产地各异,有效营养成分亦参差不齐。预混料品种繁杂,良莠不齐,无论是原料还是预混料,任何一个环节出现质量与安全问题,都会严重影响养猪场的正常生产经营,影响猪群健康,造成不良后果。

(1)最基本的要求 无论任何饲料原料都必须保证新鲜,不掺假,无发霉、变质现象,无有毒有害化学物质掺入。具体注意以下几个方面。

①饲料原料和添加剂应符合《无公害食品—生猪饲养饲料使用准则》的要求。

②要保持饲料原料多样性。不同饲料各有营养特点,多样性才能起到互补作用,使营养平衡,全面得到满足,并提高饲料报酬,减少氮、磷和某些重金属的排放,降低环境污染。营养不足会引起应激,不仅影响生长,还将降低猪的抗病能力,使其容易生病,成活率低,一定要改变有啥喂啥的传统习惯。不给肥育猪饲喂高铜、高锌日粮。不应使用未经无害化处理的泔水及其他畜禽副产品。

③严防饲料霉变。霉饲料不仅影响猪的生长,还降低猪的抗病力。常见未到年龄的小母猪阴户红肿似发情,妊娠母猪流产死胎增多都与饲料霉变有关。米糠、麸皮、玉米等,尤其在高温高湿环境下很容易发霉。猪对发霉饲料十分敏感,

稍有霉变就减少采食量，以致拒绝采食。在正常饲喂情况下，猪群突然不吃或少食，应首先检查饲料是否发霉。不使用变质、发霉、生虫或污染的饲料。

④禁止在饲料和饮水中添加瘦肉精、镇静剂、激素类、砷制剂。

⑤使用含有抗生素的添加剂时，在肥育猪出栏前，按使用规定执行休药期。

(2)现就几种主要原料分析如下

①**玉米**　玉米是养猪生产中用量最大的一种原料，占配方成分的60%～70%，是主要的、最好的能量饲料。玉米有早熟和晚熟两种，早熟的玉米呈圆形，颈部平滑、光亮质硬，富有角质，含大量蛋白质；晚熟的玉米粒呈扁平形，顶部凹陷，光亮度差，蛋白质含量低。玉米因所含淀粉丰富，粗脂肪含量高，所以是养猪所需的最重要的高能量原料。其注意点如下。

收割时，玉米粒被破碎，可造成营养成分的降低，甚至产生毒素，因这些玉米粒往往已被高度污染，因此，在收获或贮运过程中，应减少或避免磨压、老鼠啃、虫咬等现象，维护其表皮的完整。

收获时，未经晒干而贮藏的玉米粒，容易发霉变质，影响饲喂效果。严重时产生玉米赤霉烯酮，可造成母猪假发情现象，引起繁殖障碍，并严重影响肥育猪生长。一般情况下，在贮藏过程中，玉米的水分应控制在14%以下，且注意防虫，存放于干燥、通风、阴凉的环境中才能避免发霉。

养猪所用玉米，为了防止发霉，多采用隔年玉米而不是新鲜玉米。因为旧玉米水分含量低，营养价值高。尽量选择东北玉米，尤以吉林、内蒙所产为好。

②**麸皮**　麸皮是由小麦经加工后的小部分胚乳、种皮、胚

等组成的，粗纤维含量较高，能量价值较低；粗蛋白含量高，达13%～16%；B族维生素含量高。因此，除了作为能量与营养来源，更重要的在于它的物理性质，比较松散，为了调节猪日粮中的营养浓度和改变大量精料的沉重性质，麸皮重要的作用。另外，麸皮还具有轻泻性质，产后的母猪给予适量的麸皮可以调节消化道的功能。使用麸皮饲喂猪时，应注意以下问题。

麸皮易变质，变质后不能饲喂猪群，因为变质的饲料严重影响猪的消化功能，严重时造成腹泻等，影响猪的生长发育和繁殖性能。

配合饲料中不能加太多的麸皮，因其吸水性强，饲料中太多的麸皮可造成猪只便秘。应根据猪只大小适量添加麸皮。

粗纤维高，能值低，应针对不同的猪只考虑适宜的添加量。

③豆粕　豆粕是大豆榨油后的副产品。大豆含粗蛋白质36.2%，粗脂肪16.1%，而豆粕含粗蛋白在42%～48%，去皮豆粕粗蛋白质含量高，是养猪生产的主要蛋白质原料。关键注意点如下。

作为蛋白饲料原料，在配合饲料中，豆粕的含量要根据猪的不同生长阶段和生长要求而定，其量不能太高，也不能太低，应视不同阶段、群别的猪决定适宜的用量。

根据豆粕本身蛋白质的含量，适当调整其在配合饲料中的百分比。

每批使用的豆粕都要检验，一是检验有无掺假现象，有时往豆粕里可能掺有其他杂粕；二是检验蛋白质的含量和氢氧化钾溶解度，以确保豆粕的可利用性和有效性。

注意抗营养因子。豆粕颜色以浅黄色为主，太深则过熟，太浅则过生，过熟或过生的豆粕都会降低其利用率，影响猪的正常生长需要。

④鱼粉　鱼粉属优质动物性蛋白质饲料，也属于能量精料的范畴，因其蛋白含量高，氨基酸品质好、含量平衡，具有促生长因子，故使用价值和价格较高。养猪业上主要是利用其蛋白饲料的特性。另外，鱼粉中钙磷的含量也丰富，能有效地补充饲料中钙磷的不足。关键注意以下几点。

购买鱼粉时，首先要化验其纯度。由于鱼粉价格昂贵、利润高，因此，许多鱼粉都有掺假现象，主要以掺水解的羽毛粉、皮革粉或无机氮等，有的掺假率高达70%～80%。这样的鱼粉，只靠常规方法测定其蛋白质含量很难检查出来，最好送权威的、有经验的检测机构检测，镜检是好方法。

不是所有的配合饲料中都需要加鱼粉，要根据实际需要适当添加，达到既节约成本，又增加生产效果的目的。购买鱼粉时，要本着“一分价钱一分货”的原则。不用则已，若用就用质量有保证的鱼粉。

⑤其他原料　棉粕、菜粕、芝麻粕、花生粕、酒精糟粕、米糠等，这些原料不重要，可用可不用，在单纯考虑饲料成本的时候可适当用一点。

63. 如何控制饲料发霉问题？

饲料发霉的原因：饲料发霉是由霉菌引起的，自然界中的霉菌种类繁多，存在广泛。目前已知有100多种霉菌是产毒霉菌，已证实能引起自然发病的霉菌有10多种。适合霉菌生长和毒素形成的条件有：一是适宜的霉作用物（基质）；二是基质含水量较高；三是氧气充足；四是相对湿度较高；五是适宜的环境温度。一般而言，饲料含水量高于13%，相对湿度高于70%，温度在25℃～30℃，氧气含量超过2%时，霉菌便会生长并产生毒素。如果收获后原料尚未晒干、晾干便仓装入库，或堆积、贮存过久，饲料中的霉菌便在空气温、湿度适宜时大量繁殖，导致饲料霉烂。不只是梅雨季节，即使在低温季节，只要饲料存放环境湿潮，或饲料含水量超标，同样会发生饲料霉烂，只是低温下霉烂速度比高温时慢些，因此不易被人们察觉。仓库通风不良、漏水以及饲喂畜禽时加料过多、积存过久、料槽长久不清洗也会引起发霉。控制饲料发霉的措施有以下几点。

(1)保证饲料原料质量 尽量减少破损率，防止昆虫、鼠类、螨类对饲料的破坏。

(2)控制饲料原料及饲料成品的含水量 尤其玉米、麸皮、豆粕等原料的含水量。一般要求玉米、高粱、稻谷等含水量≤14%；大豆及其饼粕、麦类、次粉、糠麸类、甘薯干、木薯干等含水量≤13%；棉籽饼粕、菜籽饼粕、向日葵饼粕、亚麻仁饼粕、花生饼粕、鱼粉、骨粉及肉骨粉等含水量<12%。凡不符合原料含水量标准的原料不得入库。

(3)控制饲料 pH 一般 pH 控制在10或略偏碱性。

(4)注意原料的堆放与贮存 饲料仓库宜建在地势较高、地面平坦、有一定坡度并利于排水、地下水位不太高、利于通风的场地。仓库内必须保持干燥、通风。饲料经粉碎、混合、提升等加工过程后，温度会升高，所以，要待冷却后再堆放贮存。采用除氧或增加二氧化碳、氮等气体，运用密封技术控制和调节贮存环境中的气体成分。原料堆放时，地面要铺垫防潮物(如垫木条等)。

(5)采用适宜的防霉技术 应用饲料防霉剂，目前我国使用最广泛的是丙酸及其盐类(包括丙酸钙、丙酸钠、丙酸铵和二丙酸铵)；国外可使用的防霉剂较多，如碘化钾、碘化钙、甲酸、海藻粉、柑橘皮、乙醇提取物等；也可将多种防霉剂混合使用效果较好；另外，选择防霉、去毒效果好、能连续投药、无须停药期的防霉剂，如由比利时·英伟—纽埃特国际营养公司专门设计的纽埃特霉净剂。使用防霉包装袋：它是由聚烯烃树脂构成，其中含有0.01%～0.5%的香草醛或乙基香草醛，袋的外层再覆盖能防止香草醛或乙基香草醛扩散的薄膜。

64. 发霉玉米可以利用吗？

在当前养猪生产中，玉米霉变现象较为普遍，当湿度大于85%、温度高于25℃时，霉菌就会大量迅速生长，并产生毒素，霉变玉米产生的毒素主要有黄曲霉毒素、赤霉烯酮、伏马毒素及呕吐毒素等。饲料发霉后适口性变差，猪只采食量明显降低，生长缓慢、饲料利用率降低，并常伴有腹泻或消化不良，以及小母猪阴门红肿(似发情症状)和妊娠母猪时有流产等一系列现象。因此，必须经常检查所用原料，如果发现玉米霉变较为严重时，建议最好废弃不用；如霉变较轻、确需使用时，应进行脱毒处理并减少用量，最好不要用来饲喂种猪和仔猪，特别是种公猪和妊娠母猪。可加入一些脱霉剂后适量饲喂肥育猪，但是猪只容易发生便秘、蹄壳干裂、食欲不振等现象，这是脱霉剂的副作用造成的。

65. 小麦可以用作饲料吗？如何利用？

小麦作为能量饲料在猪饲料中应用已有很长的历史。在前苏联、欧洲(法国)和北美(加拿大)等小麦主产区，畜禽饲料中多使用小麦作为主要能量饲料之一。在我国，小麦能否在猪日粮中应用主要取决于小麦与玉米的营养价值与价格的比值。当小麦的营养价值特性好于玉米时，用小麦部分或全部代替玉米喂猪能取得很好的饲养效果和经济效益。

(1)小麦的营养特性 在很大程度上受到小麦品种、土壤类型、环境状况、肥育状况的影响：

硬质小麦的蛋白质含量(12%～16%)比软质小麦(8%～10%)高，对干物质、能量及蛋白质利用率两者相差不大。小麦赖氨酸含量为0.31%～0.37%，相当于玉米赖氨酸含量(0.25%～0.27%)的124%～137%。猪饲粮易发生不足的色氨酸与苏氨酸，小麦分别含0.15%～0.16%与0.33%～0.38%，分别相当于玉米含量(0.07%～0.08%与0.32%～0.34%)的200%与103%～119%。就猪对三种氨基酸的表现消化率而言，小麦和玉米有着相同的苏氨酸消化率，小麦的赖氨酸消化率比玉米高(71%;69%)，色氨酸的消化率则更高一些(78%;67%)。小麦的能量大致与玉米相等，其喂猪的消化能含量为14.23兆焦/千克左右，相当于玉米消化能含量(14.23～14.48兆焦/千克)的98%～100%。小麦粗脂肪含量(1.6%～2%)中亚油酸(0.58%～0.7%)含量仅为玉米含量(3.6%～4.2%和1.62%～1.82%)的45%和37%左右，这对肥育猪有益。

小麦的钙和磷含量较玉米高，且小麦中含天然植酸酶，磷的消化率较高，用小麦代替玉米、高粱时，可降低豆粕和磷酸氢钙的使用量。小麦除了不含胡萝卜素，维生素E的含量低于玉米外，各种B族维生素的含量均高于玉米，特别是烟酸对猪的生物学效价比玉米高。小麦中含有一定数量的水溶性非淀粉多糖(NSP)，主要是戊聚糖，是小麦中的主要抗营养因子，其黏性及对猪消化道生理有影响。

小麦对猪的适口性比玉米好。但是，由于小麦淀粉的黏性比玉米高，如将小麦粉碎过细，猪采食时就会产生糊口而使其适口性变差。小麦麸具有良好的消化调养性，使小麦易于被猪消化利用。小麦用于肥育猪饲粮可增进胴体的硬度和脂肪白度。

(2)小麦在猪饲料中的合理利用 在猪饲料中，小麦可部分或全部替代玉米及高粱而不影响生长性能。当小麦作猪的主饲料时，应粗粉碎效果更佳。小麦粉碎过细时消化率下降，直接影响猪的生长性能。

①*首先要注意加工方法* Seely 等人 1988 年对小麦在猪饲料中应用时的粉碎粒度进行了 6 个试验，结果表明，断奶仔猪饲粮中小麦的粉碎粒度以 0.8～0.98 毫米为好；30～55 千克的生长猪采用 0.86～ 0.89 毫米的细粒和 1.41～1.7 毫米的中粒均可；而 55～100 千克肥育猪宜采用 1.72～2.3 毫米的粗粒。锤片粉碎机筛片选 3～3.5 毫米为宜。

②*其次注意添加量* 猪日粮中小麦用量：仔猪 20%～30%；中大猪 25%～50%；种猪不宜使用。小麦、麸类原料的添加总量应控制在日粮的 50%以下，最好控制在 40%左右。

③*必须添加小麦专用酶或复合酶* 如木聚糖酶、戊聚糖酶、植酸酶等。

④*调整配方中部分指标*

小麦粗蛋白质变异较大，所以应先化验分析。小麦部分代替玉米可有效节约部分蛋白原料如豆粕，小麦氨基酸含量高于玉米，但显著低于豆粕含量，若小麦代替玉米后将配方粗蛋白水平保持原水平，则由于豆粕用量下降导致某些氨基酸（赖氨酸，苏氨酸等）下降量是无法用小麦弥补的。为保持氨基酸含量必须添加人工合成的氨基酸，而结果有时会超过替代前配方的成本 。建议小麦替代玉米后适当提高配方粗蛋白水平，关注氨基酸平衡。所以，简单替代更经济。

小麦中含有天然植酸酶，磷含量高，利用率较玉米高，可适当降低无机磷添加量。

小麦亚油酸含量仅 0.88%，远低于玉米 2%含量，所以必须将亚油酸作为最重要的营养指标。猪日粮中含 0.1%亚油酸即可满足的需要，小麦简单代替玉米，用量控制在 40%以内不会引起亚油酸不足。

小麦全量替代玉米要注意添加生物素，因为小麦生物素利用率较低。

⑤使用过程　在换料过程中，应由小比例逐渐增大，大约7～10 天完成换料过程。

⑥防止霉变　赤霉菌污染的小麦有类似雌激素作用，对猪导致呕吐等中毒症状。

66. 小麦麸在全价料里用多少比较合适？

小麦麸俗称麸皮，成分可因小麦面粉的加工要求不同而不同，一般由种皮、糊粉层、部分胚芽及少量胚乳组成，其中胚乳的变化最大。在精面生产过程中，大约有 85%左右的胚乳进入面粉，其余部分进入麦麸，这种麦麸的营养价值很高。在粗面生产过程中，胚乳基本全部进入面粉，甚至少量的糊粉层物质也进入面粉，这样生产的麦麸营养价值就低得多。一般生产精面粉时，麦麸约占小麦总量的 30%，生产粗面粉时，麦麸约占小麦总量的 20%，因此，小麦加工过程可得到23%～25%的小麦麸。

麦麸和次粉的营养特点。含粗蛋白质 15%，其中赖氨酸、色氨酸和苏氨酸含量均较高，特别是赖氨酸含量(0.67%)较高。粗纤维含量高(8.5%～12%)。有效能值较低(消化能可达到 11.7 兆焦/千克),可用来调节饲料的养分浓度。脂肪含量约 4%左右,其中不饱和脂肪酸含量高,易氧化酸败。维生素 B 族及维生素 E 含量高,B_1 含量达 8.9 毫克/千克,B_2 达 3.5 毫克/千克,这足以满足生长肥育猪的需要。但维生素 A、维生素 D 含量少。矿物质含量丰富,但钙(0.13%)磷(1.18%)比例极不平衡,钙磷比为 1∶8 以上,磷多属植酸磷,约占 75%,但含植酸酶,因此用这些饲料时要注意补钙。

小麦麸的质地疏松,适口性好,含有适量的硫酸盐类,含有轻泻性的硫酸盐类,有助于胃肠蠕动和通便润肠,是妊娠后期(可占 20%左右)和哺乳母猪(不应超过 20%)的良好饲料。乳猪料中应避免使用。小麦麸用于仔猪不宜过多,以免引起消化不良,最好不要超过 5%。用于猪的肥育效果较差,但可提高猪的胴体品质,产生白色硬体脂,一般使用量不应超过 15%。

67. 有哪些饼粕类饲料?哪种比较好?

猪常用的饼粕类饲料主要有:大豆饼粕、棉籽饼粕、菜籽饼粕、花生饼粕、芝麻饼粕等。

(1)大豆饼粕 我国大豆的种植面积较大,总产量比豌豆、蚕豆多,用作饲料的 30%。豆粕和豆饼是制油工业不同加工方式的副产品。豆粕是浸提法或预压浸提法取油后的副产物,粗蛋白质含量在 43%～46%;豆饼的加工工艺是经机械压榨浸油,粗蛋白质含量一般在 40%以上。必需氨基酸含量高,组成合理,尤其是赖氨酸在各种饼粕类饲料中含量最高,达到 2.4%～2.8%,相当于棉籽饼、菜籽饼、花生饼的 2 倍;赖氨酸与精氨酸的比例较为恰当,约为 100∶130,与大量玉米和少量鱼粉配伍,特别适于家禽的氨基酸营养需要;大豆饼粕的色氨酸(0.68%)和苏氨酸(1.88%)的含量也很高,与玉米等谷实类配合可起到氨基酸互补作用。大豆饼粕的缺点是蛋氨酸含量不足,略低于菜籽饼粕和葵花仁饼粕,略高于棉籽饼粕和花生饼粕,因此在主要使用大豆饼粕的日粮时,一般要另外添加 DL-蛋氨酸,才能满足动物的营养需要。脂溶性维生素 A、D 较缺,豌豆、蚕豆的维生素 A 比大豆稍多,B 族维生素也仅略高于谷实类。

饲用价值:豆科籽实含有抗胰蛋白酶、皂素、血细胞凝集素和产生甲状腺肿的物质,它们影响该类饲料的适口性、消化率以及动物的一些生理过程,这些物质经适当热处理即会失去作用。因此,这类饲料应当熟喂,大豆饼粕的品质受大豆成熟程度、加工方法、加热程度影响很大,品质良好的豆粕颜色应为淡黄色至淡褐色,太深表示加热过度,蛋白质品质变差;太浅可能加热不足,大豆中的抗胰蛋白酶灭活不足,影响消化,使用时易导致仔猪腹泻。综上所述,大豆饼粕在猪饲料中的用量一般为:乳猪饲料中应限制使用豆粕,用量 15%~25%,因为豆粕中的大豆抗原可致使乳猪和断奶仔猪腹泻,配合使用一部分膨化大豆将会取得更好的效果;生长肥育猪前期用量 10%~25%,后期用量 6%~13%,不能过高,否则产生软脂猪肉;妊娠母猪配合饲料中用量 4%~12%,哺乳母猪用 10%~20%。

未经榨油的大豆经过适当处理(如炒熟、膨化或 110℃高温处理数分钟)后,由于富含油脂(18%)和蛋白质(38%),香味浓,可作为猪饲料的良好组成成分。

(2)棉籽饼粕 棉粕在我国是仅次于大豆饼粕的一种重要的蛋白质原料,棉籽饼粗蛋白质含量 36.3%,棉籽粕粗蛋白质 43.5%~47%。氨基酸中赖氨酸少,为第一限制氨基酸，利用率也差；精氨酸含量高，棉籽饼粕是色氨酸、精氨酸及蛋氨酸的优良来源，利用率比菜籽饼粕好，与菜籽饼粕搭配可使氨基酸互补，有较好的效果。但它含有游离棉酚等毒害物质，具有很强的毒性，其中毒表现为生长受阻、贫血、呼吸困难、繁殖能力下降等，严重者死亡，在利用上受到一定的限制。另外，粗纤维含量随去壳程度而不同。因此，游离棉酚含量是衡量棉籽饼粕质量的重要因素。

饲用价值：棉籽饼粕中含有棉酚和环丙烯脂肪酸等抗营养因子，猪对其比较敏感，且有一定的毒害作用，所以应控制使用量。猪日粮中游离棉酚的允许量：生长肥育猪料不超过0.006％。可根据棉籽饼粕中棉酚的实际含量确定饼粕在日粮中的用量，游离棉酚在0.05％以下的棉籽饼粕，在肥育猪饲料中可用到10％～20％，母猪可用到5％～10％。游离棉酚含量超过0.05％的棉籽饼粕，需谨慎使用。在棉籽饼粕中棉酚不能确定时，棉籽饼粕在猪日粮中的最高用量建议如下：一般情况下，乳猪、仔猪及母猪饲粮不可使用；生长猪和肥育猪饲粮中不可超过5％。脱毒的棉籽饼粕可以大量使用，但用量过大虽然不会导致中毒，但也会因适口性差，降低采食量从而影响生产性能。生长肥育猪用10％～12％、母猪8％～10％。

(3)菜籽饼粕　是我国南方地区最有潜力的蛋白质饲料资源，年产量近700万吨，其中仅5％～10％用作饲料。菜籽饼(粕)均含有较高的蛋白质，达34％～38％。氨基酸组成较平衡，赖氨酸、含硫氨基酸含量高是其突出的特点，且精氨酸与赖氨酸之间较平衡，其品质接近大豆饼粕，若与棉籽饼(粕)配合使用，可改善饲料营养价值。有效能值低，碳水化合物为不易消化的淀粉。菜籽饼(粕)的粗纤维含量较高，影响其有效能值。菜籽饼粕含磷较高，磷高于钙，且大部分是植酸磷。微量元素中含铁量丰富，而其他元素则含量较少。

饲用价值：由于菜籽饼（粕）含有葡萄糖硫苷、芥子碱、植酸、单宁等大量的抗营养因子，对猪只生长性能及适口性存在较大影响，使菜籽饼（粕）在猪饲粮中的应用受到一定的限制。葡萄糖硫苷本身并无毒性，其在酶的水解作用下能够产生噁唑烷硫酮、硫氰酸盐等致甲状腺肿大物质，影响猪的生长性能。普通菜籽饼（粕）不脱毒只能限量饲喂，否则，易引起甲状腺肿大，并显著降低母猪的繁殖性能。乳猪、仔猪饲粮最好不用，生长猪、肥育猪和母猪饲粮中添加3%～5%为宜。而双低（低芥酸和低硫葡萄糖苷）油菜饼粕，有效能略高，赖氨酸含量和消化率显著高于普通菜籽饼粕，肥育猪饲粮中可用至15%，但为防止软脂现象，用量应低于10%；种猪可用至12%而不影响繁殖性能，但也应限量使用。

(4)花生(仁)饼粕　是花生脱壳后，经机械压榨或溶剂浸提油后的副产品，用机械压榨法榨油后的副产品为花生饼，用浸提法榨油后的副产品为花生粕。花生仁饼的粗蛋白质含量约为44%，花生仁粕的粗蛋白质含量约为47%，但粗蛋白质中约63%为不溶于水的球蛋白，可溶于水的白蛋白仅占7%。氨基酸组成不平衡，赖氨酸、蛋氨酸含量偏低，精氨酸含量在所有植物性饲料中最高，赖氨酸与精氨酸之比在100∶380以上，饲喂家畜时适于和精氨酸含量低的菜籽饼粕、血粉等配合使用。花生仁饼粕的有效能值在饼粕类饲料中最高。无氮浸出物中大多为淀粉、糖分和戊聚糖。组成脂肪的脂肪酸中以油酸为主。钙磷含量低，磷多为植酸磷，铁含量略高，其他矿物元素较少。胡萝卜素、维生素D、维生素C含量低，B族维生素较丰富。花生仁饼粕中含有胰蛋白酶抑制因子，其含量约为生大豆的20%，加热即可除去。花生仁饼粕极易感染黄曲霉，产生黄曲霉毒素，当含水量在9%以上、温度30℃左右、空气相对湿度为80%时，黄曲霉即可繁殖，家畜采食感染黄曲霉毒素的饲料，会使家畜生长不良、中毒、致癌，甚至死亡。

饲用价值：花生仁饼粕对猪的适口性相当好，但为防止黄曲霉毒素中毒，哺乳仔猪最好不用。同时赖氨酸、蛋酸氨含量低，饲喂价值不及大豆饼粕。补足所缺的赖氨酸和蛋氨酸后，肥育猪饲料中可用花生饼粕取代全部的大豆饼粕，仔猪可取代1/3的大豆饼粕，但为防止腹泻和体脂变软，用量应低于10%。另外，带壳花生饼粕饲用价值低，因含壳多，纤维含量高(15%以上)其他成分相对较低，在猪饲料中应避免使用。

污染黄曲霉的饼粕应限量使用，用作饲料的花生饼粕，其黄曲霉毒素含量应不超过1毫克/千克。

(5)芝麻饼粕 是芝麻取油后的副产品，粗蛋白质含量约40%，氨基酸组成中蛋氨酸(含量0.8%以上)、色氨酸含量丰富，尤其蛋氨酸含量为饼粕类之首；缺乏赖氨酸，精氨酸含量极高，赖氨酸与精氨酸之比为100∶420，比例严重失衡。粗纤维含量约7%，代谢能低于花生、大豆饼粕，约为9兆焦/千克。矿物质中钙、磷较多，但多为植酸磷。维生素A、维生素D、维生素E含量低，核黄素、烟酸含量较高。芝麻饼粕中的抗营养因子主要是植酸和草酸，影响矿物元素的消化吸收。

饲用价值：芝麻饼粕是一种略带苦味的优质蛋白质饲料，使用效果不如大豆饼粕。仔猪尽可能避免使用；对肥育猪来说饲喂效果远不如大豆饼粕，用量宜小于10%，且须补充赖氨酸。在饲料中添加4%～6%的鱼粉同时补足赖氨酸，可代替50%的大豆饼粕，但采食过多会使体脂变软。另外芝麻饼粕还有一定的轻泻作用。

(6)葵花饼粕 即向日葵仁饼粕，是向日葵籽经机械压榨或溶剂浸提制油后的副产物。其营养价值与加工过程中脱壳程度有关。我国生产的葵花饼粕，脱壳不完全，粗纤维含量12%～20%，粗蛋白质含量较低，一般在28%～32%之间，可利用能量较低，赖氨酸含量不足(低于大豆饼粕、花生饼粕和棉籽饼粕)。完全脱壳的饼粕粗蛋白质含量可达41%～46%。与大豆饼粕相当。氨基酸组成中，赖氨酸为其第一限制性氨基酸，但蛋氨酸含量较高，为0.59%～0.72%，高于大豆饼粕、棉籽饼粕和花生饼粕。矿物质中钙、磷含量比一般油粕类高，但磷大部分为植酸磷，微量元素中锌、铁、铜含量丰富。维生素B族、尼克酸、泛酸含量均较高。但向日葵仁饼粕中含有较高的难消化的物质，主要是外壳中的木质素和高温加工条件下形成的难消化糖类；另外还有少量的酚类化合物，主要是绿原酸，其对胰蛋白酶、淀粉酶和脂肪酶有抑制作用，加蛋氨酸和氯化胆碱可抵消这种不利影响。

饲用价值：向日葵仁饼粕对猪的适口性不如大豆饼粕和花生饼粕。仔猪饲料避免使用，以免影响氨基酸平衡。生长肥育猪可适量使用，但带壳者纤维含量高，有效能值低，肥育效果差，应限量使用，脱壳者可替代50%的大豆粕，但要补充维生素和赖氨酸，用量过多易导致软脂现象，影响胴体品质。

(7)亚麻饼粕 亚麻又叫胡麻，其种子榨油的副产品称为亚麻籽饼或亚麻籽粕，其粗蛋白质含量与棉籽饼、菜籽饼相似，为32%～36%，赖氨酸和蛋氨酸含量分别为0.73%和0.47%。因赖氨酸含量不足，所以亚麻籽饼粕应与其他含赖氨酸高的蛋白质饲料(如鱼粉、豆粕、血粉等)配合使用，效果较好。矿物质中钙、磷均高，还是优良的天然硒源之一。但亚麻籽饼粕中含有亚麻苦苷，可引起氢氰酸中毒；另外还含有对动物有害的亚麻籽胶和维生素 B_6 抑制因子。

饲用价值:作为猪饲料使用其饲用价值高于芝麻饼粕和花生仁饼粕,但氨基酸不平衡,须同其他优质的蛋白质饲料配合使用,补充其缺乏的氨基酸后,可获得良好的饲喂效果。肥育猪饲料中可用至8%,不会影响增重和饲料报酬,过多使用会引起软脂现象,并导致维生素 B_6 缺乏,在母猪饲料中适当添加可预防便秘。

68. 什么是饲料添加剂?如何分类?

(1)饲料添加剂的概念、作用、及作为添加剂必须满足的基本条件 所谓饲料添加剂是指为提高饲料利用率,保证或改善饲料品质,满足饲养动物的营养需要,促进动物生长,保障饲养动物健康而向饲料中添加少量的或微量的营养性或非营养性的物质。

饲料添加剂是现代饲料工业中必然使用的原料,在配合饲料里添加量极少,但效果显著。其作用体现在:一是完善饲料营养全价性,改善饲料的营养价值,提高饲料利用率;二是改善饲料适口性,增进采食;三是保健防病,促进动物生产;四是改善饲料加工性能,减少饲料加工及贮藏中的养分损失;五是改善动物产品品质,提高经济效益;六是合理利用饲料资源,变废为宝等;七是最终达到提高动物生产性能,降低生产成本的目的。

饲料添加剂必须满足的基本条件有7条:一是有确实的动物生产效果和经济效益;二是经急、慢性毒性试验及致畸致癌试验,证明其长期使用或在使用期间不会对动物产生毒害及其他不良影响;三是在畜产品中残留量不能超过规定标准,不能影响畜产品的质量和人体健康;四是经繁殖试验证明其不会导致种畜禽生殖系统的恶变或影响胎儿；五是动物排出物对环境无污染；六是在饲料和动物体内有较好的稳定性，良好的可混合性，与其他饲料组分搭配无配伍禁忌；七是能确切测知含量。饲料添加剂的选用要符合安全性、经济性和使用方便的要求。

(2)饲料添加剂的分类 目前，全世界在饲料中应用的添加剂有 400 多个品种，常用的有 150 多种，根据饲养畜禽品种、生产目的及生长阶段等的不同，每种配合饲料中使用的添加剂有 20～60 种。而且，随着饲料添加剂工业的发展，添加剂的品种日益繁多，根据营养需要的原理，一般分为营养性饲料添加剂和非营养性饲料添加剂 2 大类。

①营养性添加剂 是指添加到配合饲料中，补充饲料中缺少和不足的营养物质部分，平衡饲料养分，提高饲料利用率，直接对动物发挥营养作用的少量或微量物质，主要包括合成氨基酸、合成维生素、微量矿物元素、小肽、单细胞蛋白及非蛋白氮等。

②非营养性添加剂 是指不包括矿物质添加剂、维生素添加剂和氨基酸在内的所有添加剂，加入饲料中用于改善饲料利用率、保证饲料质量和品质、有利于动物健康或代谢的一些非营养性物质。主要包括：一是饲料生长促进剂：是指可以预防动物常见病，并能提高饲料利用率，促进动物生长的物质，主要包括抗生素、生菌剂、酶制剂、抗菌药物、驱虫药物、中草药物等。二是饲料保藏剂：是指可以延长饲料贮存期或使饲料不变质，本身不起生物效应的物质。主要包括抗氧化剂、防霉制、抗结块剂、青贮和粗饲料调制剂等。三是驱虫保健剂：如驱蠕虫剂、抗球虫剂。四是饲料及畜产品品质改良添加剂：是指可以改进饲料或畜产品品质、加强使用效果的物质，

如增色剂、调味剂、乳化剂、抗结块剂、黏结剂等。五是新型绿色饲料添加剂：现有的饲料添加剂有绿色饲料添加剂和非绿色饲料添加剂之分。绿色饲料添加剂从广义上讲有三层意思，首先对畜禽无毒害作用；其次畜禽产品中无残留，对人体健康无危害；再次畜禽排泄对环境无污染。非绿色饲料添加剂是一些化学合成药物，对动物和人体有毒副作用且对环境污染较严重。目前，绿色饲料添加剂有益生素、中草药饲料添加剂、酶制剂、酸制剂、寡聚糖、糖萜素、甜菜碱以及氨基酸螯合物等。

69. 可以替代抗生素的添加剂有哪些？

在猪日粮中长期使用抗生素有以下负面效应：导致细菌产生耐药性；造成畜禽机体免疫力下降；引起畜禽内源性感染和二重感染；在畜产品和环境中造成残留。目前，比较有发展前景的抗生素的替代品主要有下列几种。

(1)微生态制剂 又称活菌剂、益生素，是最早研究出来的，也是养猪生产中广泛使用的天然生长促进剂，它是动物有益菌经工业化厌氧发酵生产出的菌剂。这种菌剂加入饲料中，在动物消化道内生长，形成优势的有益菌群，保持肠道内正常微生物的生态平衡，并生成乳酸、维生素、抗生素、酶、过氧化氢、氨基酸和刺激因子等物质来增强机体非特异性免疫，促进生长、减少药物的使用。目前常用的益生菌主要有乳酸菌、芽胞杆菌、光合细菌和真菌 4 大类。生产中应用的益生菌制剂常常由上述菌种单一或复合加工而成。微生态制剂对预防仔猪黄、白痢，降低死亡率，促进生长，均有良好的效果。

王士长等(1998)在繁殖母猪和哺乳仔猪饲粮中添加 0.1%的益生素，结果，促进了仔猪生长发育，在第四周和第五周提高增重20.7%和28.5%，缩小了群体内体重差别，猪只整齐，降低死亡率。范先超等(2003)报道，体重约20千克的杜长大三元杂种仔猪饲粮中加0.1%益生素30天，发现仔猪日增重比对照组增加14.25%，差异显著；料重比降低8.23%；综合经济效益提高7.44%。舒会友等(2005)在规模化猪场母猪料中加入0.2%益生素，结果表明，试验组的哺乳率(94.47%)、育成率(91.7%)均高于对照组(哺乳率89.43%、育成率86.04%)；育成期仔猪腹泻发病率试验组低于对照组，效果非常明显。

目前，微生态制剂还存在许多应用方面的缺陷，表现为：活菌制剂多为厌氧菌，发酵生产的难度很大；产品质量标准难以统一；贮运加工过程中氧气、高温等因素均可能使其大量失活；胃酸对它有失活作用；因所需环境条件不一致，在动物肠道中定殖力不强。

针对上述缺陷，研究者们又开始把眼光转向了动物肠道固有的有益菌上。

(2)低聚糖(化学益生素) 低聚糖，又称寡聚糖，寡糖，是由2～10个糖基通过糖苷键连接而成的具有直链或支链结构的低聚物的总称。寡糖种类很多，但目前作为饲料添加剂研究和应用的低聚糖主要有低聚木糖、低聚异麦芽糖、低聚果糖、半乳聚糖、寡甘露糖、大豆寡糖等。寡糖因其调节动物微生态平衡的作用与活菌制剂相似，营养界称其为化学益生素。

寡糖的主要作用：一是寡糖可促进肠道内有益菌增殖，抑制有害菌的生长，促进消化道微生态平衡。岳文斌等(2002)研究了甘露寡糖对断奶仔猪肠道主要菌群的影响，结果表明甘露寡糖可以显著降低盲肠、结肠大肠杆菌浓度；同时显著提高盲肠乳酸杆菌和双歧杆菌浓度，但对结肠乳酸杆菌和双歧杆菌数影响不显著。二是刺激免疫反应，提高动物的抗病力。Spring 等(1998) 研究发现，甘露寡糖能够显著提高无菌仔猪血清与肠黏膜中 IgA、IgG 和 IgM 的含量及血液中白细胞介素-2(I-2)的水平，增强 T 淋巴细胞功能和小肠原始淋巴细胞的活性，增强小肠内白细胞的吞噬能力。李梅等(2000)研究指出异麦芽低聚糖能显著提高仔猪吞噬细胞的吞噬能力。高峰等(2001)研究了果寡糖对仔猪免疫功能的影响，结果表明饲料中添加 0.17%，仔猪血液中甲状腺素和 T 细胞生长因子(IL-2)含量升高。车向荣等(2003)研究了在仔猪日粮中分别添加果寡糖、异麦芽低聚糖和甘露寡糖对仔猪外周血 T 淋巴细胞数的影响，结果显示外周血 T 淋巴细胞数和 IgG 水平较对照组显著提高。三是促进矿物质的吸收利用。寡糖发酵产生的酸性物质能够吸附钙化合物使其溶解性增加，因而导致钙吸收能力增强。

低聚糖的饲喂效果：李振田等(2001)报道，断奶仔猪日粮添加乳糖配合合成氨基酸，可达到与添加高蛋白乳清粉相似的生产水平，并且日粮中添加 6.5%乳糖，综合效益最佳。高峰等(2001)研究了果寡糖对断奶仔猪生长性能的影响，结果试验组仔猪日增重比对照组提高 3.88%，料重比下降 4.67%。胡彩虹等(2001)报道了肥育猪日粮中添加 0.5%和 0.75%果寡糖，与对照组相比日增重分别提高了 9.67%和 10.67%，料重比分别降低了 8.19%和 7.6%。与活菌制剂相比，寡糖更稳定，对制粒、膨化、氧化和贮运等恶劣环境条件都具有很高的耐受性，能抵抗胃酸的灭活作用，克服了活菌制剂在肠道定植难的缺陷。加上它无毒、无副作用，不被吸收，因此，虽然它目前生产效率低，生产难度大，其发展应用前景仍十分广阔。

寡糖应用注意事项有以下几点。

一是寡糖种类。不同的寡糖具有不同的结构，肠道中的微生物具有选择利用不同寡糖的能力。因此肠道有益菌对寡糖的利用效果存在差异。

二是寡糖的添加量。寡糖不能被消化道内的内源酶代谢，如果添加量过大，不仅增加饲养成本，还可造成动物腹泻，但添加量不足，起不到明显的增殖效果。因此，必须通过试验，确定寡糖饲料添加剂在饲料中的适宜添加量。

三是动物种类及年龄。断奶仔猪由于受到断奶及饲粮变化等多种应激，常常引起腹泻，若在断奶仔猪饲料中添加寡糖就能收到明显的效果；在日本，40%的仔猪饲料中都添加寡糖饲料添加剂。

(3)酶制剂 饲用酶制剂是通过特定生产工艺加工而成的包含单一酶或混合酶的工业产品。应用较多的有淀粉酶、蛋白酶、脂肪酶、纤维素酶、β-葡聚糖酶、木聚糖酶、果胶酶、植酸酶等。这些酶中一部分动物自身可以分泌，如淀粉酶、脂肪酶和某些蛋白酶；而另一部分动物本身不能分泌，如纤维素酶、β-葡聚糖酶、木聚糖酶。添加饲用酶制剂能补充动物内源酶的不足，增加动物自身不能合成的酶，从而促进畜禽对养分的消化、吸收，提高饲料利用率，促进生长。酶制剂可以破坏植物细胞壁，通过分解纤维素、半纤维素和果胶等由非淀粉多糖(NSP)构成的物质，既把这些不可利用的多糖分解成可被消化吸收的小分子糖类，又可以暴露细胞壁保护的淀粉、蛋白等养分，使其养分更充分。酶制剂还可以降低因可溶 NSP 造成的黏稠食糜的黏度。酶制剂还可以破坏稳定的植酸磷结构，提高饲料中磷和其他养分的利用率。

另外，从酶的组成角度将饲料酶划分为单一酶制剂和复合酶制剂,复合酶制剂是由两种或两种以上的酶复合而成的。植酸酶是养猪生产中应用最广的单一酶制剂,典型猪饲粮中磷的利用率仅达15%左右,猪日粮中添加植酸酶:显著降低饲料中总磷水平,提高饲料中磷的利用率;减少由于动物粪便排泄物中高磷所造成的环境污染;可提高猪对钙、镁、铜、锌、铁等矿物元素的利用率;增加饲料中蛋白质、氨基酸、淀粉和脂质等营养物质的利用率;节约无机磷饲料资源,减少了氟和重金属中毒的概率和粉尘污染;提高猪采食量和日增重,改善猪生产性能。廖志超等报道,玉米豆粕型生长猪饲粮中以500国际单位植酸酶/千克替代饲粮中60%的磷酸氢钙较为适宜。

酶制剂使用注意事项有以下几点。

一是根据日粮类型选择合适的酶制剂。低黏度日粮,比较典型的是玉米-豆粕型日粮,适宜选用的酶种为含有木聚糖酶、果胶酶和甘露聚糖酶的复合酶;高黏度日粮,是指小麦、大麦、米糠含量较高的日粮,应选用β-葡聚糖酶或木聚糖酶;高纤维日粮,是指谷物、糟渣、麦麸含量较高的日粮,应选用纤维素酶和半纤维素酶(如木聚糖酶和甘露聚糖酶等)。杂饼、粕日粮,是指棉、菜籽粕等含量较高的日粮,应选用含纤维素酶、果胶酶和甘露聚糖酶的复合酶。

二是日粮的营养水平。在低营养水平的日粮中添加酶制剂比在高营养水平的日粮中添加酶制剂的作用效果好,如禾谷类日粮和一些非常规日粮添加酶制剂后能够提高其营养价值。如高次粉日粮中添加木聚糖酶、β-葡聚糖酶和纤维素酶,可提高仔猪生长性能;在生长猪低能量小麦(劣质)日粮中添加木聚糖酶,可提高猪的生长性能和饲料的利用率。

三是注意猪的生长阶段。选择在早期断奶仔猪日粮中添加猪用复合酶制剂，效果较好。

四是选择合适的添加方式。目前酶的饲喂方法主要有以下几种：一是以液体的形式在饲喂前喷洒在饲料表面；二是在制粒过程中以添加剂的形式加在饲料中；三是直接将固体酶制剂添加到配合饲料中混在粉料中，还有的是在饮水中添加酶制剂。不同的添加方法对酶的作用效果不同。其中在粉料中添加效果较好。

(4)中草药饲料添加剂 中草药是我国特有的中医理论与实践的产物，是一类兼有营养和药用双重作用，具备直接杀灭或抑制细菌和增强免疫能力的功能，且能促进营养物质消化吸收的无残留、无耐药性的天然药物。中草药添加剂含有生物碱、多糖、苷类、挥发油、鞣质、有机酸等生物活性物质，它既可以直接杀菌、抑菌，又可通过大量活性物质调节机体免疫功能和新陈代谢，提高畜禽健康水平。中草药在畜牧生产上应用，在生长速度、降低饲料消耗方面效果比较显著。

养猪生产中常用的中草药及其作用主要有以下几方面。

①健脾胃、助消化类中草药 陈皮、青皮、枳实、厚朴等具有行气止痛、健脾益胃、消积止痢的作用；神曲、麦芽、谷芽、山楂等具有增进食欲、健脾开胃、消食化积、减少腹泻的作用；龙胆、马钱子、苦参等为苦味健胃药，可用于防止猪食欲不振、消化不良；肉桂、豆蔻、茴香、干姜、辣椒、艾叶等为辛热药物，兼有祛寒温胃功效。

②清热解毒、镇静催眠类中草药 荷叶、板蓝根、蒲公英、金银花、连翘、穿心莲、野菊花、生地、苦参、大蒜、黄柏、丹皮、白头翁、地榆、仙鹤草等药物具有清热、解毒、降火、燥湿、凉血作用；松针、柏仁、酸枣仁、朱砂、钩藤、菖蒲、僵蚕、地龙、远志等中草药具有安神养心、镇静催眠、抗惊厥作用，用做饲料添

加剂除可使猪喜静、嗜睡、生长良好外，还能有效提高猪的抗热应激能力。

③抗菌驱虫类中草药　槟榔能杀虫去积、消肿开胃，可用于防治猪绦虫、蛔虫、蛲虫等多种寄生虫；百部对蛔虫、蛲虫、疥癣、虱子有较好的杀灭作用；使君子为驱蛔虫药，对蛲虫也有效。常用的驱虫药还有贯众、鹤虱、百部、南瓜子、大蒜、仙鹤草等。

④补养类中草药　当归、黄芪、菟丝子、白术、山药、当参、熟地、何首乌、白芍、五加皮等补养药，对瘦弱体虚、久病初愈、产后体弱的动物，有补虚扶正、调节阴阳的作用，添加于猪饲料中可有效改善公、母猪的繁殖功能；另外，这类药还有提高动物抗病力、增强代谢的作用。

中草药饲料添加剂在养猪生产中的应用：可提高仔猪抗病能力及生长速度；提高生长肥育猪的食欲，增加采食量，提高日增重，降低料肉比；增强种猪繁殖、泌乳功能；改善胴体品质；抗热应激。

应用中草药饲料添加剂应注意的问题有几点。

一是应注意药材的筛选与配伍。中草药品种众多、成分复杂、作用各异，应注意扬长避短、因畜而异，筛选出符合猪生理特点的药种，并对所筛选的药种进行安全性评价，确保其无毒无害化。

二是剂型应实现微量化。目前，剂量多在0.5%以上，有的多达至5%，甚至10%，不仅增加了成本，而且稀释了饲料营养浓度，同时有可能影响适口性，应注意寻求量小而效高的品种，或提取其有效化学成分以避免木质素等无效成分的干扰，实现中草药剂型微量化。

三是要有稳定、廉价的药源及合理的加工方法。应充分利用当地资源，加大人工种植面积，确保稳定、廉价的药源。

(5)糖萜素 糖萜素是从山茶属植物种子饼粕中提取的三萜皂苷类和糖类的混合物，为纯天然生物活性物质，它不仅有抗生素饲料添加剂的功能，而且又克服了容易产生耐药性和污染环境的缺陷，具有显著的增强免疫作用，能够提高畜禽的生产性能和畜产品质量。

其主要功能体现在：增强机体免疫功能，提高抗病抗应激能力，减少死淘率；促进蛋白质合成和增强消化酶活性，改善畜禽肉质；清除自由基和抗氧化功能。

糖萜素添加在仔猪饲料中，可以提高仔猪生长速度，提高抗病率，减少仔猪腹泻；添加在肥育猪饲粮中，可以提高猪的生长性能和屠宰性能，并且改善肉质（如提高胴体长、增大眼肌面积、降低背膘厚、提高肉品的红色度值、肌肉中肌苷酸的含量提高、降低肌肉中胆固醇的含量等）。糖萜素的有效化学成分稳定，与其他饲料添加剂不存在拮抗作用，无任何配任禁忌，使用安全。通常情况下，在日粮中添加 200～1 000 毫克/千克，可以安全替代抗生素。张全保等（2006）建议，对 30 千克以下仔猪，以 500 毫克/千克添加量为最好；30 千克以上的中大猪，以 200 毫克/千克添加量为宜。

70. 减少猪舍臭味的添加剂有哪些？

猪舍臭味主要是由猪排泄的粪尿及腐败分解的产物、猪消化道、呼吸道等排出的气体，不仅含有多种有害物质，还产生大量的恶臭（含有臭味化合物达 168 种）。在恶臭气味和有害气体中，主要包括氮化物（氨气、甲胺）、硫化物（硫化氢、甲基硫醇）、脂肪族化合物（吲哚、丙烯醛和粪臭素等）、二氧化碳和甲烷气体等。尤其是氨气、硫化氢等气体易溶于水，可被人畜的黏膜、结膜等部位吸附,引起结膜和呼吸系统黏膜出现充血、水肿乃至发炎,高浓度的可导致机体呼吸中枢麻痹而死亡。若动物长时间处于低浓度臭气环境中,可使生产性能下降、机体抵抗力降低、诱发多种传染病,从而影响经济效益。

除臭剂的使用可以大大降低畜禽排泄物中的恶臭。目前所用除臭剂可分为3大类,即物理、化学和生物除臭剂。

(1)物理除臭剂 主要指一些掩蔽剂、吸附剂和酸化剂。

①*掩蔽剂* 常用较浓的芳香气味掩盖臭味。如利用芳香类化合物如木醋酸、樟脑、桉油等植物精油以及各种植物的萃取物挥发到猪舍臭气中达到掩盖或抵消臭味的目的。如大蒜、甘草、白术、茴香和苍术等具有特殊的气味,可使猪舍臭味减轻,在饲料中添加,还能起到健胃、提高食欲、增强机体抵抗力和促进生长的作用。

②*吸附剂* 可吸收臭味,常用的天然矿物质有沸石粉、海泡石、膨润土、麦饭石、凹凸棒石、蛭石等。这类物质具有表面积大、孔隙多、吸附和交换能力强的特点,同时还含有丰富的矿物质元素,若在饲料中添加,可补充机体微量元素不足。如沸石粉等硅酸盐:把沸石撒在粪便及猪舍的地面上,不仅能降低舍内有害气体的含量,还能吸收空气与粪便中的水分,有利于调节环境中的湿度;将其添加到饲料中,可补充猪所需要的微量元素,提高日粮的消化利用率,减少粪尿中含氮、硫等有机物质的排放,提高动物的生产性能。另外,有机吸附剂如麸皮、米糠、稻壳等。

③*酸化剂* 常用的有机酸制剂有乳酸、柠檬酸、延胡索酸、甲酸和丙酸等。研究表明,乳酸、柠檬酸或冰醋酸等有机酸可以起到促进营养物质的消化吸收,降低氮、磷的排泄;抑制或杀灭有害微生物,促进有益菌群的生长增殖。目前国内

外应用的有机酸以柠檬酸、延胡索酸效果最好，在断奶仔猪日粮中添加量一般为1.5%～2%，特别是在4～5周龄断奶的仔猪于前1～2周内使用酸化剂增重效果最为明显。复合酸化剂由2种或2种以上的有机酸复合而成，其酸化效果较好，添加量一般为0.1%～0.5%。有机酸效果优于无机酸(如盐酸、磷酸等)。

(2)化学除臭剂 可与臭气发生化学反应(如中和反应、氧化还原反应、加成反应和缩合反应等)将猪舍内恶臭物质变成无臭物质，常用的有硫酸亚铁、氯化亚铁、氯化钙和磷酸氢钙、氧化氢、高锰酸钾等；甲醛和多聚甲醛是灭菌剂。如可将硫酸亚铁压碎成粉状，撒到地面上或粪池中，若与沸石粉、煤灰按2∶1∶1混合使用，效果会更好。

(3)生物除臭剂 主要指酶制剂、微生态制剂。

①酶制剂 由单一酶制剂和复合酶制剂。单一酶制剂主要有内源性酶(如蛋白酶、脂肪酶、淀粉酶等)和外源性降解酶(如纤维素酶、半纤维素酶、β-葡聚糖酶、木聚糖酶、植酸酶等)；植酸酶是生产中用量最多的单一酶制剂，据报道，猪饲粮中添加植酸酶可使猪回肠氮消化率从55%提高到68%，以植酸酶替代部分或全部无机磷，可减少50%的粪磷排放量。另外，谷物饲料中含有水溶性非淀粉多糖，如小麦、黑麦中含有大量的阿拉伯木聚糖，大麦和燕麦中含有水溶性β-葡聚糖，高粱和玉米中含有阿拉伯木聚糖；在猪饲料中添加外源性的β-葡聚糖酶和木聚糖酶，可水解相应的可溶性非淀粉多糖，提高营养物质的利用率，有报道，在仔猪饲料中添加0.1%的木聚糖酶，饲料干物质和氮的利用率分别提高21%和34%；有实验表明，育成猪饲粮中添加0.2%的β-葡聚糖酶，可改善猪的生长，饲料利用率和氮利用率分别提高13%和12%。复合酶

制剂是由 2 种或 2 种以上的酶复合而成，包括蛋白酶、脂肪酶、淀粉酶和纤维素酶等，许多试验报道，添加复合酶可使饲粮代谢能提高 5%以上，蛋白质消化率提高 10%左右。

②微生态制剂　研究发现，微生态制剂对环境除臭具有明显的效果，微生态制剂主要使用菌种有 3 类，乳酸菌类、芽孢菌类和真菌类。有报道，用益生菌剂(主要由蜡状杆菌、酵母菌等 4 种微生物组成，1 克制剂含有效活菌数大于 5×10^8 个)按 0.5%的剂量添加到 50 日龄断奶仔猪日粮中，结果试验组舍内铵态氮的含量比对照组降低 19.4%～33.3%，硫化氢的含量降低 17.4%～28.5%。猪场使用 EM 制剂，可使其恶臭降低 97.7%。台湾研制的亚罗康活菌添加到饲料中喂猪可将肠道中硫化氢、氨气和甲烷等气体转化为能被猪体吸收的化合态氮和其他物质，从而提高饲料的利用率，显著降低排泄物中的有害物质和臭气。此外，蚯蚓粪含有大量的放线菌和兼性厌氧菌等微生物，可降低猪排泄物中对甲酚、3-甲基吲哚和部分挥发性脂肪酸，使臭气减少。也有报道，饲喂微生态制剂的猪舍灭蝇效果可达到 30%～34.6%，硫化氢的清除效果为 50%，氨气的去除也可达到较好效果。据报道，应用能有效地去除畜禽粪便中的恶臭，总除氨率为 42.12%～69.7%，经 EM 处理的饲料中 17 种氨基酸的含量可提高 28%左右。

(4)植物型除臭剂

①丝兰属提取物　中美洲沙漠生长的丝兰属植物提取物(除臭灵)，有效成分为丝兰皂角苷和脲酶抑制剂复合物。丝兰属提取物对氨气具有较强的吸附能力，能减少其排放量，改善动物内环境；阻止粪尿中氮的硝化，使氮以无机形式存在，而使散发到空气中的氨气量减少，净化厩舍空气；降低粪尿中

氮、磷的含量，减少畜牧业对环境方面污染。通常在日粮中的添加量为100～120克/吨饲料，而且还可以在贮粪池内、冲粪沟中和猪舍内等直接使用。Sutton等在猪粪上添加丝兰属提取物进行培养，发现氨气的浓度下降了55.5％；Colina等在断奶仔猪日粮中添加125毫克/千克丝兰属提取物，发现猪舍的氨气浓度逐周下降。

②茶叶提取物　茶叶提取物除臭可能主要为茶多酚的作用，茶多酚儿茶素β环上的羟基提供的氢离子H^+可与氨反应生成铵盐，使臭味减轻；其次可能是茶叶提取物中少量的咖啡碱、碳水化合物、氨基酸等物质通过物理和化学作用吸附、中和、聚合、缩合臭气物质。据报道，在30日龄猪日粮中添加0.2％茶多酚，能降低猪粪中氨、甲酚、已基酚、吲哚和粪臭素的含量。

③中草药除臭剂　中草药含有丰富的氨基酸、维生素和微量元素等营养物质，还可提高饲料的利用率，减少日粮中污染物的排放。另外，其还含有多糖类、有机酸类、苷类、黄酮类和生物碱类等多种天然的生物活性物质，还可与臭气分子反应生成挥发性较低的无臭物质。目前，中草药保健除臭剂在养猪生产中报道较少，但在养鸡生产中有报道，中草药保健除臭剂使鸡舍的氨气含量下降了32％。

(5)复合除臭剂　将2种或2种以上的具有不同除臭作用的物质进行混合，在功能上以达到互补的作用，提高除臭效果。如物理型与化学型、植物型与生物型除臭剂等的结合。据报道，除臭剂Bio-G(该制剂系沙果、草药等100％天然发酵液，有益菌大于1×10^{10} cfu/克，pH为2.8～4.9)按1∶50稀释后喷洒鸡粪，每天1次，结果畜舍中氨气浓度显著降低，且效果稳定。将天然沸石粉与硫酸亚铁混合后用作除臭剂，也获得了良好的除臭效果。

71. 预混料、浓缩料和全价料有何区别?

(1)全价配合料 是指营养价值全面的配合饲料,简称全价料,又称为完全配合饲料和全日粮配合饲料,是根据动物的营养需要和消化生理特点,将多种饲料原料和添加成分按一定的比例均匀混合而成的、营养价值完全的饲料产品,由蛋白质饲料(如鱼粉、豆类及其饼粕等)、能量饲料(如玉米、麦类等)、矿物质饲料、添加剂预混料组成。可直接饲喂单胃动物。

全价料使用注意事项:选择饲料产品。不要只注意饲料的颜色和气味、饲料品牌或只购买低价饲料。注意使用对象。猪的品种、年龄、生理状态和生产水平不同,其营养需要不同。不能将配合饲料跨种类、跨阶段、跨生产水平使用,否则将明显影响猪的生产性能和饲料利用率,甚至导致营养缺乏或中毒症。

(2)浓缩饲料 又称为蛋白质补充饲料,是由蛋白质饲料(鱼粉、豆饼粕等)、常量矿物质饲料(骨粉、石粉、磷酸氢钙等等)及添加剂预混料按一定比例配制而成的配合饲料半成品,简单来说,全价配合饲料减去玉米等能量饲料即为浓缩饲料。一般在全价配合饲料中所占的比例为20%~40%,以30%最为普遍,但具体比例取决于浓缩饲料的营养水平和与之搭配的能量饲料的种类。

浓缩饲料的优点:①应用方便。广大养殖户和农场可利用自产的谷物籽实类饲料和其他能量饲料。②有利于就近利用饲料资源,减少运输费用。③有利于在广大农村推广饲料科技,提高饲料利用率,为农民增产增收。

浓缩饲料的应用:①(浓缩饲料不能直接饲喂动物。)通常情况下，按浓缩饲料产品说明书正确配比稀释。一般仔猪日粮中浓缩料占20%～30%，肥育猪浓缩料占18%左右，若在使用时加过量的能量饲料，就会使营养指标达不到标准，导致饲喂效果差；若按配比加入能量饲料的同时，又额外补加豆粕等蛋白质原料，这样既提高了成本、造成浪费，又破坏了营养平衡；或者超量添加浓缩料，降低能量饲料的比例，造成营养不平衡。②使用浓缩料严禁再加添加剂。一般情况浓缩饲料粗蛋白含量在30%以上，矿物质、维生素含量高于畜禽需要量2倍以上，氨基酸含量也超过畜禽实际需要量，同时，在配备时亦考虑到防虫剂、促生长剂、抗氧化剂等非营养性添加剂的添加，所以在使用时不要再添加别的添加剂，否则造成成本增加、过量中毒或抑制畜禽生长。③浓缩料与能量饲料需混合均匀。应采用逐步多次搅拌法均匀混合后方可使用。否则造成猪采食的饲料营养不均匀，导致营养不良或营养相对过剩，造成浪费，甚至产生中毒。④贮藏浓缩料时，要注意通风、阴凉、避光，严防潮湿、雨淋和暴晒。⑤超过保质期的浓缩饲料要慎用。浓缩料冬夏保质期在3个月左右。

(3)预混料　指由一种或多种的添加剂原料（或单体）与载体或稀释剂按一定比例搅拌均匀的混合物，又称添加剂预混料，简称预混料。目的是有利于微量的原料均匀分散于大量的配合饲料中，预混料是半成品，不能直接饲喂动物，一般在配合饲料中占0.1%～10%，预混料添加适量的蛋白质原料（如鱼粉、豆粕、杂粕如棉粕、菜粕、麻粕、花生粕等）就构成了浓缩料。

预混合饲料的种类可分为两类。

①单项预混料：它是由单一添加剂原料或同一种类的多种饲料添加剂与载体或稀释剂配制而成的匀质混合物，主要

是由于某种或某类添加剂使用量非常少，需要初级预混才能更均匀分布到大宗饲料中，生产中常将单一的维生素、单一的微量元素(硒、碘、钴等)、多种维生素、多种微量元素各自先进行初级预混分别制成单项预混料等。

②复合预混料　它是按配方和实际要求将各种不同种类的饲料添加剂与载体或稀释剂混合制成的匀质混合物，如微量元素、维生素及其他成分混合在一起的预混料。

预混料是配合饲料的核心部分，因其含有的微量活性组分常是配合饲料饲用效果的决定因素，预混料具有以下特点：一是组成复杂。质量优良的预混料一般包括6、7种微量元素，15种以上的维生素，2种氨基酸，1～2种药物及其他添加剂(抗氧化剂和防霉剂等)。且各种饲料添加剂的性质和作用各不相同，配伍关系复杂。二是用量少、作用大。一般预混料占配合饲料的比例为0.1%～10%，用量虽少，但对动物生产性能的提高、饲料利用率的改善以及饲料的保存都有很大的作用。三是不能直接饲喂。预混料中添加剂的活性成分浓度很高，一般为动物需要量的几十至几百倍，如果直接饲喂很容易造成动物中毒。

(4)选购原则　预混料、浓缩料、全价料各有特点，养殖户选用何类饲料，可视本地原料供应情况。本地富产玉米、饼粕、麸皮等农副产品的养殖区，当地能方便地购买到饼粕饲料，无需选购浓缩料，最适合选用5%左右的预混料。本地富有玉米，但不富有饼粕产品的养殖区适合选用20%～40%浓缩料。本地饲料原料贫乏的非农业区，适合选用全价料。添加剂适合本场实际。家庭粗放饲养，比如家养几头猪、几十只鸡等；畜禽的特殊阶段，如高产期、幼雏期、应急期、患病期等需要强化营养的阶段。根据饲养规模选购。存栏量较少，条件简陋的养殖户，可选购方便使用的全价料；规模养殖场具备良好的混合搅拌条件，可选购浓缩饲料、预混合饲料和饲料添加剂。

但无论选购哪类饲料，都应该注重饲料的品牌、质量、信誉和服务等，全面检查饲料的外包装、饲料标签、生产许可证、产品批准文号和生产登记证号等是否符合要求，防止使用不合格的劣质产品，才能保障养殖业的成功。

72. 如何选择预混料的载体？

(1)载体的定义 是指添加到预混料中，能够接受和承载粉状活性物质(添加剂活性成分)的可以饲用的物质。其作用主要有：承载和吸附微量添加剂，还可把液态添加剂活性成分吸附成粉状，便于进一步混合加工使用；改变添加剂活性成分的理化性状，如增加流动性、黏度、比重、pH、静电等，提高产品的混合均匀度；改善饲料添加剂产品的外观，提高产品的商品价值。

(2)载体的选择

①维生素预混料载体的选择 载体种类很多，宜选择含水量少，容重与维生素原料接近，黏着性好、酸碱度近中性、化学性质稳定的载体。以有机载体为好，常用的有淀粉、乳糖、脱脂米糠、玉米粉、稻壳粉、麸皮、次粉等。其中脱脂米糠含水量低，容重适中，不易分级，表面多孔，承载能力较好，是维生素添加剂预混料的首选载体。麸皮、次粉的承载能力仅次于脱脂米糠，且稳定性较好，来源广、价格合理、也常用作载体。玉米粉较差。特别是玉米粉颗粒较粗时，承载性能尤其不佳。碳酸钙因其中的钙对维生素 D_3 有破坏作用因而不宜作为维生素预混料的载体物质。

一般来说，载体吸附力强时，多维经多次搬运振动后仍可保持较好的混合均匀度。载体的水分最好控制在5%以下，不宜超过8%～10%，最高含水量不能超过12%。若含水量过高，则应进行干燥处理。

②微量元素预混料载体的选择　要求不能与微量矿物质元素活性成分发生化学反应，且其化学性质稳定，不易变质，流动性好。适宜的载体有轻质碳酸钙（石粉）、沸石粉、白陶土粉、硅藻土粉等。国内主要以石粉作载体。若生产用量为0.1%～0.2%的预混料时，其中石粉中的钙含量一般可以忽略不计，若预混料用量较高时，则要注明其中石粉用量或钙的含量，以保证全价料配方设计时钙磷的平衡。

③复合预混料载体的选择　要求应能对维生素、微量元素和药物等成分都有很好的承载能力，对那些用量少、容易在加工过程中丢失的微量组分也能很好的承载。在实际生产中往往采用根据维生素、微量元素和药物等分别选用不同的载体和稀释剂，分别预混合后再混合在一起。

73. 如何正确使用预混料？

预混料使用时，应注意以下几个方面。

第一，配制预混料时，要严格按照推荐配方选择原料和按比例配制。不能随意改变推荐配方，各类预混料都有各自经过测算的推荐配方，这些配方一般都是科学合理的，不能随意改变。

第二，使用时应与其他原料充分混合均匀。饲喂的饲料混合均匀度变异系数通常不得大于10%，有条件的要购买搅拌机，搅拌预混料的添加位置为小料添加口，搅拌时间要足够，一般中小规模的养殖场使用的小型螺旋式混合机的混合时间为10分钟左右，散养户多采用人工拌料，应一次性将料拌好，要将预混料先用少量的玉米混合均匀，再与大料混合，搅拌次数应在3次以上。

第三，超过有效期的预混料不能使用，预混料全年保质期都在6个月。

第四，不宜与其他品种的预混料混用、或添加维生素C、促生长剂等。有的养殖户为了达到更好的饲养效果，或者要降低成本，往往将两个品牌的预混料混合使用，这是不可以的。因为每个厂家所用的原料不尽相同，特别是使用的药物添加剂不尽相同，有的药物混合使用会产生拮抗作用，必然会影响使用效果。

第五，注意药物的停药期。预混料中的药物都有使用注意事项及停药期限规定，以免造成药物在畜禽产品中残留，从而影响产品的出口和销售，影响人的身体健康。

第六，换料要循序渐进。各种预混料采用的原料不尽相同，所以适口性和味道也会不同，换料时要考虑过渡期，一般用1周过渡，以免由于适口性的改变而引起采食量下降，从而影响生产性能。

第七，预混料一经开封要尽快使用完，不能暴露于空气中久放。

第八，贮存时要注意通风、阴凉、避光，严防潮湿、雨淋和暴晒。

第九，不宜加入饮水中使用。

第十，尽量减少搬动，以防出现分级现象。

74. 猪场如何选择预混料产品？

当前，市场上预混料品种繁多，鱼目混杂，很多养殖户不知道该如何选择，也有一些养殖户选择中存在很多误区，以致没有起到预混料应有的作用，所以应注意以下几点。

(1)先选厂家，再选产品

①选择技术信誉好的厂家　看是否具有一定科研素质的专家作技术保证。

②选择技术服务能力强的厂家　即能为用户解决技术疑难，如根据具体情况，设计可行的饲料配方方；指导养殖场饲养管理、防疫；诊断畜禽疾病；介绍市场与原料信息等。

③选择经济实力雄厚的厂家　视其是否有良好的企业管理、生产设施和生产环境。

④注重厂家的原料购进渠道　质次价低的原料或临时性购进原料，不利于质量保证。

(2)要选择质量合格的产品　我国在2000年颁布了《饲料及饲料添加剂管理条例》，2000年6月1日实施的饲料标签标准，对饲料的包装都有了严格的规定，饲料标签上必须注明以下内容：商标、品牌、生产厂家、产品执行标准、产品批准文号、生产许可证号、品种名称、适用阶段、饲料成分分析保证值、卫生标准、原料组成、药物名称及含量、停药期、使用注意事项、生产日期、保质期、净重等。如果没有或不全应属伪劣产品。

(3)不要过分贪图便宜　俗话说"一分钱，一分货"，这是有一定道理的。产品质量好的饲料，由于货真价实，往往价钱高，价钱低的产品也往往质量低。选择时，不能只看一袋饲料要多少钱，而要看其营养保证值，按推荐配方计算饲料的价格，必要时可以做饲喂试验。长期饲喂营养含量不足的预混料，猪会出现腹泻现象，这样既阻碍猪只的正常生长，又要花医药费，增加养殖成本。

(4)兼顾产品内在和外在质量 产品的内在质量是指产品的营养指标,如产品的可靠性、经济性等。产品的外在质量是指产品的外形、颜色、气味等,选择时要看预混料的包装是否完好及新旧程度,若包装外观陈旧、毛糙,字迹图像褪色、模糊,说明该产品贮存过久或转运过多或是假冒产品,不宜购买,应选购双层内套塑料袋包装较好的、封口严实、近期生产的产品;产品应色泽一致、均匀度好,不应有异味、潮解、结块、聚团、霉变等现象。由于饲料市场竞争激烈,部分商家想方设法在外包装和产品的色、香、味上下工夫,但产品内在质量却未能提高。

(5)选择要有针对性 在购买时更应该根据猪的不同生长发育阶段的营养需要,有针对性地选择。

(6)选择合适产品规格 根据自身生产能力和技术实力合理选择预混料系列产品,选择合适的预混料产品规格:一般复合多维的添加量为0.1%～0.2%,复合微量元素添加量为0.2%～0.5%,综合性的添加剂预混料,目前市场上销售的有0.5%、1%、2%、3%、4%、5%、6%等不同比例。通常,添加量为0.5%、1%的预混料的组成成分为各种维生素、微量元素、氨基酸、生长促进剂(抗生素、益菌素、酶制剂等)、饲料保存剂(抗氧化剂、防霉剂等)、载体等。添加量为2%、3%、4%、5%、6%的预混料的组成成分为各种维生素、微量元素、氨基酸、生长促进剂、饲料保存剂、磷酸氢钙、石粉、食盐和载体等。基本满足了对钙、磷以及食盐的要求,用起来更方便。

技术力量较强的大型企业或养殖场,应当选择复合微量元素、复合多维,再购置单项氨基酸、抗生素等添加剂原料,配制复合预混料。技术水平和设备一般的养殖场,选择0.5%的复合预混料,另购单项氨基酸生产或直接购买1%～3%的复合预混料。技术水平和设备条件较差的养殖场或专业户，为确保产品质量的稳定性和使用的方便性，应选择2%～6%的复合预混料。

75. 什么是猪的饲养标准？如何参考猪饲养标准？

(1)猪的饲养标准

①饲养标准的概念　是指根据大量饲养实验结果和动物生产实践经验，对不同种类、性别、年龄、体重、生理状态、生产性能、不同环境条件下的猪，对各种养分需要量所做出的规定，这种系统的营养定额及有关资料统称为饲养标准。通俗地说，系指畜禽每日每头需要营养物质的系统、概括、合理的规定，或每千克饲粮中各种营养物质的含量或百分比。

②猪饲养标准的种类　一是按发布的国家分类：根据不同的国家及不同的机构可分为不同的标准种类，有中国猪饲养标准、美国 NRC 猪饲养标准、英国农业科学研究委员会(ARC)标准、德国、日本等国的饲养标准。二是按猪的类型划分：分成瘦肉型和肉脂型猪饲养标准。三是每种类型的猪按生长阶段划分：如生长肥育猪、妊娠母猪、哺乳母猪、配种公猪等。

③饲养标准的作用　科学饲养标准的提出及其在生产实践中的正确运用，是迅速提高养猪生产和经济、合理利用饲料的依据，是保证生产、提高生产的重要技术措施，是科学技术用于实践的具体化，在生产实践中具有重要作用。合理的饲养标准是实际饲养工作的技术标准，它由国家的主管部门颁布。对生产具有指导作用，是指导猪群饲养的重要依据，它能促进实际饲养工作的标准化和科学化。饲养标准的用处主要

是作为核计日粮(配合日粮、检查日粮)及产品质量检验的依据。通过核计日粮这个基本环节,对饲料生产计划、饲养计划的拟制和审核起着重要作用。它是计划生产和组织生产以及发展配合饲料生产,提高配合饲料产品质量的依据。无数的生产实践和科学实践证明,饲养标准对于提高饲料利用效率和提高生产力有着极大的作用,可提高养猪的生产效益。

(2)猪饲养标准的应用 我国的猪饲养标准包括肉脂型猪、瘦肉型猪,某些地区根据自然环境和当地品种制定了地方猪饲养标准。另外,美国 NRC、英国 ARC 猪的营养需要和饲养标准,是世界上影响最大的 2 个猪饲养标准,被很多国家和地区采用或借鉴,因而,也是重要的参考资料。

①选择适宜的饲养标准 设计饲料配方首先要确定好使用的饲养标准,确定产品标准是设计饲料配方的依据。多数饲料厂采用的是国家标准,有的采用育种公司标准或国外的营养标准(如 NRC 标准),许多较大的饲料厂制定了适合自己情况的企业标准。

国家标准。对仔猪、生长肥育猪配合饲料(GB/T 5915—2008)实行的是推荐性标准;种猪的配合饲料标准只有行业标准。同时由于科学技术的进步,部分国家标准已经不适应目前实际情况,如植酸酶的应用,使得饲料中的植酸磷得以释放,被动物体利用,减少了无机磷的用量和对环境的污染,标准中的总磷指标就不适合现在的情况。新颁布实施的《饲料标签》(GB 10648—1999),对产品的分析保证值要求高了,如浓缩饲料要标示氨基酸、主要微量元素和维生素含量,而以前的国家标准没有这些指标的数值。

国外的营养标准。对于没有国家标准的畜禽品种,可参考其他国家的标准,如 NRC(美国国家研究院)标准,ARC(英国农业研究院)标准,日本饲养标准,前苏联饲养标准。

育种公司的标准。每个育种公司每推出一个畜禽新品种,就会有一整套的标准相应推出。一般讲育种公司为其自身利益考虑,制定的饲料标准相对而言往往较高。

企业标准。由于国家标准的局限性,在实际生产中的不可操作性,许多企业制定了适合自身发展的企业标准。企业标准的制定,有国家标准的必须以国家标准为指导,指标不得低于国家标准。《饲料卫生标准》企业不得自己制定,属于强制性标准,必须遵照《国家饲料卫生标准》(GB 13078—2001)。

②*注意灵活应用饲养标准,科学确定饲料配方的营养水平* 饲养标准是指一定品种的健康畜禽,在适宜的条件下,达到最优生产性能时,营养的最低需要量。它是对一定时期动物营养科研成果和畜牧业发展水平的总结,是配方设计的主要依据。但由于试验畜禽的品种、供试饲料品质、试验环境条件等因素的制约,导致饲养标准存在着明显的时间滞后性、静态性、地区性和最佳生产性能而非最佳经济效益的不足,加之由于各国和各地的饲养环境、条件、动物的品种、生产水平的差异,决定着饲养标准也只能是相对合理。如1987年我国瘦肉猪营养标准规定仔猪赖氨酸/消化能的比0.56,1998美国NRC为0.81。以赖氨酸为100%,我国和美国标准分别为:蛋+胱氨酸65%、57%,苏氨酸98%、65%,色氨酸25%、18%,两个标准相差很大。同时,配方中的营养指标的质量要求也在不断更新,如蛋白质指标从粗蛋白质含量演变为可消化蛋白质、氨基酸、可利用氨基酸乃至真可利用氨基酸等深层次的内在质量。在矿物质微量元素方面,不仅要满足安全用量,同时还需要充分调配不同元素之间的拮抗规律;对一些含

有有毒有害物质或抗营养因子的原料，还必须考虑其加工工艺对营养物质的破坏、毒素的残留等因素。因此，在饲料配方设计时不能生搬硬套饲养标准，要在国家标准允许的范围内，根据不同的饲喂对象，以动物实验的结果为依据，从以下 4 个方面灵活应用饲养标准：

第一，不同的品种（基因型）选用不同的营养水平。猪的遗传基础，饲粮的养分含量和各养分之间的比例关系以及猪与饲粮因素的互作效应，都会对饲粮营养物质的利用产生影响。脂肪型、瘦肉型与兼用型猪之间对饲粮的干物质、能量和蛋白质消化率方面存在的显著差异已是不争的事实。各国饲养标准中推荐同一品种同一阶段猪的营养需要量存在的差异性，更充分说明是猪的品种及选育程度差异性所致。一般认为，在相同的条件下，瘦肉型猪较肉脂型猪需要更多的蛋白质，三元杂交瘦肉型比二元杂交瘦肉型猪又需要更多的蛋白质。因此，配制猪的饲粮时，不仅要根据不同经济类型猪的饲养标准和所提供的饲料养分，而且要根据不同品种特有的生物学特点、生产方向及生产性能，并参考形成该品种所提供的营养条件的历史，综合考虑不同品种的特性和饲粮原料的组成情况，对猪体和饲粮之间营养物质转化的数量关系，以及可能发生的变化做出估计后，科学地设计配方中养分的含量，使饲料所含养分得以更加充分利用。

第二，不同生产阶段选用不同的营养水平。猪在不同的生理阶段，对养分的需要量各有差异。虽然猪的饲养标准中已规定出各种猪的营养需要量，是配方设计的依据，但在配方设计时，既要在充分考虑到不同生理阶段的特殊养分需要，进行科学的阶段性配方，又一定要注意配合后饲料的适口性、体积和消化率等因素，以达到既提高饲料的利用率，又充分发挥猪的生产性能的效果。如早期断奶仔猪具有代谢旺盛、生长发育迅速、饲料利用率高的生理特点，但也处于消化器官容积小、消化功能不健全等特点。在配方设计时，既要考虑其营养需要，又要注意饲料的消化率、适口性、体积等因素，要求体重小于 7 千克的仔猪，日粮中蛋白质水平必须在 20%～22%，赖氨酸水平在 1.5%～1.6%，最低乳糖含量为 14%。体重在 7～11 千克的仔猪，蛋白质水平要求在 18%～20%，赖氨酸水平在 1.25%，乳清粉用量比例最少在 10%以上。体重为12～23 千克的仔猪，蛋白质在 18%左右，赖氨酸在 1.15%，才能满足其迅速生长发育的营养需要；母猪在妊娠前期，由于处于妊娠合成代谢状态，代谢效率高，脂肪沉积力加强，因而在配料中就可适当提高粗纤维水平；生长肥育猪在肥育期间，为了获得最高的日增重，则可提高日粮配方中能量物质的含量，以满足其长膘的能量需要，而蛋白质水平可比生长前期降低 2 个百分点左右。所以，在配方设计时，要根据不同生产阶段的营养需要，对不同生产阶段采用不同营养水平，才能降低饲料成本，提高经济效益。

第三，不同性别采用不同的营养水平。据美国 NCR 猪营养委员会进行的一项包括 9 个试验站的综合研究阉公猪和小母猪的蛋白质需要量的结果表明，日粮中蛋白质含量从 13%提高到 16%，并不影响阉公猪增重和饲料利用率，胴体成分也未变化；而小母猪日粮中蛋白质含量从 13%提高到 16%，增重和饲料利用率都有所提高，眼肌面积和瘦肉率呈线性下降。他们得出结论认为，当饲料中蛋白质含量最小为 16%时，小母猪的各种生产性能达到最佳水平，而阉公猪日粮中蛋白质含量在 13%～14%即可达到最佳水平。法国研究者也发现肥育公猪的适宜赖氨酸水平是 0.78%，而母猪则需要 0.88%，母猪日粮的氨基酸总量至少要比公猪多 12.5%。国内樊银珍等(2003)通过对杜长大中猪饲粮适宜蛋白质及赖氨酸水平试验表明，40～70 千克的阉公猪，饲粮以粗蛋白质15.1%，总赖氨酸 0.75%的水平为适宜；而母猪则分别为17.5%和 0.92%的水平才较为适宜。因此，不同性别的猪，应分别设计不同营养含量的配方，分开饲养，以充分发挥其生产性能和饲料利用率。

第四，不同的季节选用不同的营养水平。据报道，每升高1℃的热应激，猪每天采食量下降约 40 克；若环境温度超出最佳温度 5℃～10℃，则每天采食量将下降 200～400 克。由于采食量的减少，导致营养不良，改变生化作用，使酶的活性和代谢过程发生紊乱，而影响了生产性能的表现。为此，不同的季节，应配制营养浓度不同的日粮，以满足其生理需要。对于炎热的夏季，为保证猪的营养需要，应注意调整饲料配方，增加营养浓度，特别是提高日粮中油脂、氨基酸、维生素和微量元素的含量，降低饲料的单位体积，并适量添加氯化钾(KCl)、碳酸氢钠($NaHCO_3$)等电解质，以保证养分的供给，减缓其生产性能的下降。

76. 猪的饲粮配合应注意哪些事项?

饲料配方设计时要注意经济效益、社会效益与生态效益的统一，充分考虑品种、性别、日龄、体重、饲喂条件、饲喂方式等影响饲粮配制效果的因素，设计出具有合理利用各种饲料资源、提高产品质量、降低饲养成本的高质量饲料配方。因此，要注意以下几个方面：

(1)选择适宜的饲养标准　详细内容见 75 题(如何参考猪的饲养标准)。

(2)注意饲料原料的质量和可利用性 饲料产品质量的优劣,除决定于配制技术外,还决定于饲料原料的质量,在选用饲料原料时要注意下列问题。

①原料的营养含量 配制高质量的配合饲料,饲料原料的科学取值是前提。我国幅员辽阔,地形复杂,土壤类型繁多,气候差异较大,即使是同一种饲料,由于产地、品种、加工方法和质量等级不同,其营养成分含量也有差异。如同是玉米,产地、品种、等级不同,它们中的粗蛋白质、粗纤维、粗脂肪的含量也千差万别。预混料不同的产品在质量、效价、剂型、价格等方面有很大差异,应结合使用目的、生产工艺进行综合考虑。要选用效价高、稳定性好、剂型符合配合饲料生产要求的产品使用,因此,配方设计时一定注意原料的养分含量的取值,尽量让原料的营养含量取值相对合理或接近,使配制的饲料达到既能充分满足猪的生理需要,又能生产出符合产品质量标准,同时也不浪费饲料原料的要求,不能不问原料产地、品种和质量等级等情况,一味地盲目套用营养价值表中的数值来设计配方。在实际生产中,可采取以下措施:有条件的可实测原料营养含量,但多数情况下,尤其是小型饲料厂对此措施难以实现;利用回归公式,根据实际情况监测的指标估计有效含量;根据安全限量设计配方或设计概率饲料配方;添加酶制剂等生产调节剂,提高饲粮营养物质的利用率。

②饲料原料的消化率与体积 由于饲料原料种类、来源、加工方法等属性不同,总营养成分中能被动物消化利用的程度差异较大。据报道,对于早期断奶仔猪对蛋白质饲料的消化率为:脱脂奶粉 94.6%、鱼粉为 86.6%、豆饼 83.1%。对油脂的消化率为:短链(＜14C)为 86%、中链(14～18C)为＜70%、长链为 37%。玉米熟加工处理后在日粮中的比例分别

为 12.5%、25%、37%、49% 和 61% 时，其消化率分别为 96%、94%、93%、92%和 90%。同时，日粮的体积也要合适，如果体积过大，导致猪采食后的营养不足，影响生长发育；若体积过小，即使营养已满足动物的需要，但动物仍感到饥饿而处于不安状态，也不利于猪的生产性能表现。尤其是在选用低成本的原料进行营养替代时，要注意不同营养物质的适宜比例与消化率等因素，不能只顾营养物质含量的平衡来进行替代，而忽视了替代物的体积与消化率。如在不脱毒的情况下，菜籽饼在肉猪饲粮中的比例不超过 12%，并与豆饼搭配使用，比例以 1∶1 为宜；血粉含粗蛋白质高达 80.6%，但猪对血粉的消化能仅 11.6 兆焦/千克，比鱼粉（含粗蛋白质 60.2%）的消化能低 1 兆焦/千克。因此，选用原料设计配方时，要注意饲料的消化率和体积，做到配方营养平衡、消化率高和体积又适中，以达到预期效果。

③原料的适口性　猪采食量的多少，主要受猪的体重、性别和健康状态、环境温度和饲料品质与养分浓度等因素的影响。而对于健康猪群，饲料的适口性则是决定猪采食量多少的主因。因此，在考虑饲料的营养价值、消化率、价格因素的基础上，要尽量选用适口性好的饲料原料，以保证所配饲料能使猪足量采食。即使添加调味剂，也应注意到原料的适口性。

④原料营养成分间的适宜配比　营养物质之间的相互关系，可以归纳为协同作用和拮抗作用两个方面。能量与蛋白质、钙与磷等营养物质之间，尤其是各种氨基酸、微量元素、维生素和药物添加剂之间存在着一定的适宜配比，有的还存在着配伍禁忌。因此，在配方设计中要注意能量与蛋白质、钙与磷、各种氨基酸、微量元素等营养成分的适宜配比，不要盲目

配合使用。如根据"理想蛋白质"中的各种氨基酸比例来确定，由于某种重要氨基酸的变更，必须同时调整限制性氨基酸的需要标准，有条件的企业最好能进行试验研究或根据积累的饲养效果的经验修订配方设计的标准。

⑤饲料原料的可利用性　配方设计时应从经济、实用的原则出发，尽可能考虑利用当地的、便于采购的饲料原料，找出最佳替代原料，实现有限资源的最佳分配和多种物质的互补作用。如根据当地饲料资源，把优质树叶、牧草、薯类或稻谷设计到配方中，以提高饲料资源的利用性，实现原料配合的多样化。

(3)应用先进成熟技术，优化配方成本设计　优化配方成本设计，就是根据可供选用的饲料原料的种类、数量、价格以及原料的质量，在遵循饲养标准和保证产品质量标准的约束条件下，应用先进成熟的技术，进行最佳配方的比例筛选，达到最低成本饲料配方设计的总目标。因此，在遵循日粮中粗蛋白质、氨基酸、电解质、钙磷和脂肪酸平衡的原则下，目前，可应用于饲料配方中较成熟的先进技术主要有以下几项：

①以理想蛋白质模式理论为基础设计配方　在设计猪日粮时，以理想蛋白质模式为依据，补充合成氨基酸，使日粮中可消化必需氨基酸含量接近于理想蛋白质模式，可以将猪日粮的粗蛋白质降低 3～4 个百分点，可以提高生产性能，节省天然蛋白质饲料资源，减少粪尿中氮的排泄量，减轻对环境的氮污染问题。

②应用小肽的营养理论指导饲料配方　近年来，研究发现，蛋白质降解产生的小肽(二肽、三肽)和游离氨基酸一样也能够被吸收，而且小肽比游离氨基酸具有吸收速度快、耗能低、吸收率高等优势，对促进蛋白质的合成、促进矿物质吸收

利用等具有良好的作用。据报道，在仔猪饲粮中添加富肽制剂，可使饲料利用率提高11.06%，仔猪增重提高12.93%，腹泻率降低60%，经济效益提高15.63%。

③应用配方软件技术提高配方设计的科学性和准确性　详细内容参见85题。

④非营养性添加剂的组合应用　众多试验与应用效果证实，益生素、酶制剂、酸化剂、低聚糖、抗生素等饲料添加剂，不仅单独添加对提高饲料利用率、促进动物生产性能的充分发挥有良好的作用，而且它们之间科学组合使用具有加性效果，是目前国内外提高养殖经济效益采用的一种有效、经济和简捷的途径。如异麦芽寡糖与益生素合用、酸制剂和酶制剂合用等。

(4)正确限制配方中养分的最低限量与最小超量　按照饲养标准中规定的猪营养需要量平均值的最低需要量设计配方，由于原料的质量差异和加工方面的因素，产品中的某些养分指标不一定能够满足猪的实际需要量和配合饲料质量标准中规定的营养指标的最低保证值，必须超量添加一部分，这个超量称为最小超量，是产品营养指标的实测值与饲料质量标准中营养指标的最低保证值之差。其量过小，产品质量不一定达到标准，猪也就不一定达到预期增重；过大则会增加成本，并造成营养的不平衡和质量等问题。最低限量是以配合饲料质量标准中规定的最低保证值为准，即粗蛋白质、能量、粗纤维等指标不能低于或高于保证值，突破此值，将对饲料的成本和质量问题产生影响。

(5)注意饲料的安全性和合法性　饲料安全问题不仅会产生经济问题，也会引发严肃的政治问题，是影响一个地区和国家经济发展、人民健康和社会稳定的大事。英国曾发生的

“疯牛病”、比利时的“二噁英”等饲料安全问题产生的影响，充分说明饲料安全的重要性。因此，配方设计必须遵循国家的《产品质量法》、《饲料和饲料添加剂管理条例》、《兽药管理条例》、《饲料标签》、《饲料卫生标准》、《饲料药物添加剂使用规范》、《禁止在饲料和动物饮用水中使用的药物品种目录》等有关饲料生产的法律、法规，绝不违禁违规使用药物添加剂，不超量使用微量元素和有毒有害原料，正确使用允许使用的饲料原料和添加剂，确保饲料产品的安全性和合法性。

77. 乳猪饲料有什么特殊要求？

我国习惯于把体重小于15千克这个阶段的猪称为乳猪，这个阶段使用的饲料称为乳猪料。目前，市场上有把乳猪料细分为2个阶段，即高档乳猪料（也称为教槽料）和一般乳猪料。教槽料是指乳猪出生7天后到断奶后7～10天内使用的特殊饲料；一般乳猪料指仔猪断奶10天后至15千克时使用的饲料。乳猪阶段，消化酶系统发育不全，消化植物性饲料的能力较差，同时味觉灵敏，对饲料的适口性要求较高，另外对疾病的抵抗力差。

(1)配制乳猪饲料　一般有4点要求：一是原料的消化率高，其中的抗营养因子，尤其是致过敏因子含量低。二是原料的适口性好。三是含有大量促进肠道健康的物质。四是营养全面均衡，适于消化和吸收。

(2)对原料的要求

①选择能量饲料的要点

第一，玉米是首选原料。玉米品质要求容重在700克/升以上，无发霉现象，破碎粒要少。最好使用50%（占所用玉米）左右的膨化玉米，但不能使用太多，否则猪容易粘嘴（对颗粒料而言），进而影响适口性。膨化玉米目前没有标准，通常，膨化玉米糊化率达88%以上就可以了。其次可选用一些小麦，使用量不超过10%，可不用另加小麦酶制剂。

第二，乳清粉、乳糖、蔗糖。是乳猪料优质能源，使用乳清粉实质就是使用乳糖，因而乳糖含量很重要；蔗糖不仅可提供能量，还可以改善适口性，乳猪对蔗糖有偏爱，其效果优于糖精钠制品。在使用这些原料时要经调质混匀，这些原料属于热敏性原料，容易焦化，焦化对猪适口性有负面作用。

第三，油脂。目前，对乳猪来说最好的油脂是椰子油，其次为大豆油、玉米油、猪油、牛油、鱼油。椰子油很贵，大豆油是比较实际的选择。在使用一定量的膨化大豆后，可不用油脂。使用油脂时一定要注意品质，杂质、水分、碘价、酸价、过氧化值等指标。

②对蛋白质原料的要求

第一，选择乳猪料中蛋白质原料以消化率为第一标准，其次再考虑其他指标。因为，乳猪对蛋白质的消化能力非常低，会因蛋白质消化不良而引发各种常见消化道问题。

第二，氨基酸比例。良好的氨基酸比例和含量，是乳猪料选择蛋白质原料的第二个主要指标，尤其要考虑赖氨酸、含硫氨基酸、苏氨酸、色氨酸、组氨酸，最好选择上述氨基酸比例适合和高含量的原料。

第三，降解产生小肽的速度。优质的蛋白质原料，在乳仔猪胃肠道内，很快地被降解成短肽，迅速被吸收。优质蛋白质原料的这一特性，是蛋白质原料的一个重要指标。

第四，蛋白质含量。因为乳猪采食的饲料量很少，所以尽量寻找高营养素含量的蛋白质原料，以满足所需营养。

第五，要以效益—价格综合考虑。优质的蛋白质原料，资源较少，价格较高，评价这种原料要以这种原料可能创造的养猪效益与价格来比较，而不单单衡量原料价格对饲料产品价格的影响。

③常用的蛋白质原料

一是，大豆类制品。大豆类制品是目前最丰富的蛋白质来源，然而因其加工工艺不同，乳仔猪饲料中豆制品蛋白质的可选择性较多。

膨化大豆：不仅是豆油来源，也是优质的豆类蛋白质的来源，但膨化大豆用量不可过多，一般不宜超过15%。

豆粕：是植物蛋白，其消化率往往达不到乳猪要求，同时还含有一定的抗营养因子，但它是乳猪料的常用、也是合适的蛋白来源。

大豆分离蛋白：虽然其蛋白质含量较高，由于使用低温豆粕制造，因此也可能存在一定量的抗营养因子，所以在加工过程可以经过酶降解的方式；但是，由于有些产品经酶降解后，会产生苦肽而影响适口性，因此在选择时，一方面要可溶性较好，另一方面还要保证较好的适口性。从目前应用效果来看是很好的，就是价格偏高。

大豆浓缩蛋白：豆粕经过热酒精浸溶，去掉了其中部分多糖类，相当于把蛋白质浓缩，因而它的价值高于普通豆粕，但是其消化率还是有限的。

发酵豆粕：豆粕经过发酵，消化率大大提高，蛋白质含量也有所提高，抗营养因子遭到破坏。因此发酵豆粕有可能是未来乳仔猪饲料的首选原料，不过因为不同的厂家发酵菌种和工艺不同，使乳猪饲料的价值差异很大，使用时也要谨慎。目前发酵豆粕在乳猪料中用量不可过多，否则会有负面作用。

二是，喷雾干燥血浆蛋白粉。消化吸收率、氨基酸组成、降解产生小肽的速度，都是第一位的，另外，它本身就含有很多的小肽，还含有免疫球蛋白，因此它是优质的乳猪蛋白质原料，尤其以同源的血浆蛋白粉，效果更好。但由于同源性疾病存在的可能性，对该类原料的使用要小心谨慎。另外其价格昂贵，供应不稳定也限制了使用正常化。若需使用时，用量要用到3%才有显著效果，最好选用美国进口的。

三是，乳清粉和乳清浓缩蛋白（WPC-34）。它的消化率和氨基酸组成，仅仅次于血浆蛋白粉，然而单纯以蛋白质含量计算，其价格不低于血浆蛋白粉。其供应量有限，无法大量在饲料中应用。

四是，鱼粉、鱼露、鱼溶浆等鱼类制品及加工副产品。尤其鱼粉，其消化率、氨基酸组成和蛋白质含量，都是优秀的蛋白质原料，而且也有一定的供应量，因此在饲料中被广泛采用。由于鱼粉品质实在难以控制，建议不要多用，最好控制在2%以下。鱼溶浆蛋白（腥肽），是由新鲜鱼类在制作鱼粉的过程中压榨出的鱼溶浆液，经浓缩、酶解、喷雾干燥而成。其特点是富含活性低分子肽（小肽）、牛黄酸、核苷酸、游离氨基酸、高不饱和脂肪酸、甜菜碱、矿物元素、维生素A、维生素B_{12}、未知生长因子等，具有很强的诱食作用，可显著提高动物的采食量；促进生长，提高动物的生产性能，改善饲料报酬；增强动物免疫机能和抗应激能力，减少腹泻率。鱼溶浆蛋白主要适用于教槽料和高档乳猪料，添加量为0.5%～1%。

五是，肠绒蛋白（DPS）。DPS也是乳猪蛋白质的优质来源，与血浆蛋白粉合用效果很好。DPS不仅提供优质蛋白，还可以防止断奶应激伤害乳猪肠道黏膜。同样，出于同源性疾病的考虑，使用也要小心。目前只有美国进口的可以用，其价格也偏高，另外，渠道、供应量仍受限制。

六是,小肽类制品。目前有许多小肽类制品应用在乳猪饲料中,也是近来饲料营养研究领域中最热门的东西。这类产品应属于功能性蛋白原料。当然到成熟、稳定使用还有一段时间,应是未来很有光明前景的优质蛋白源。

七是其余蛋白质来源。例如肉骨粉、棉籽粕、菜籽粕等仍处于研究中,用量要严格限制。

④饲料添加剂的选择要点

药物添加剂:在我国的饲养环境下,必须在乳猪料中使用药物性添加剂,依据我国农业部的相关条例及公告,目前可选择的药物添加剂有维吉尼亚霉素、杆菌肽锌、硫酸黏杆菌素、那西肽、效美素、恩拉美素、喹乙醇、土霉素、金霉素、盐霉素等。

诱食剂:主要包括甜味剂(主要是糖)、香味剂(奶香型、辛香型等)、咸味剂(主要是食盐)、鲜味剂(主要是味精)。

复合酶制剂:宜选用木聚糖酶、果胶酶、淀粉酶、蛋白酶和甘露聚糖酶为主体酶的复合酶。

酸化剂:常用的是柠檬酸和乳酸,现在生产中使用的多为由正磷酸、乳酸、柠檬酸、延胡索酸组成的复合酸化剂。

(3)保证每天的乳猪饲料是新鲜的 最初几天,乳猪饲料应放在比较浅的饲料槽里。饲料槽应较重不易拱翻且放在比较亮的地方,每天剩下的饲料应清掉喂给母猪,甚至用自动饲料槽,也应每天将槽清洗干净,第二天加入新的饲料。小猪不喜欢吃不新鲜和变坏的饲料,同时,潮湿的乳猪饲料是很好的细菌培养基,很容易孳生细菌。

(4)乳猪料不能污染异味 生产中,为了方便,开袋的乳猪饲料经常放在分娩舍。但开袋的乳猪饲料会很快吸收猪舍的臭味,小猪就不喜欢吃了。因此,如果存放在饲料房里,小猪饲料就比较新鲜适口。

78. 断奶仔猪的饲料配制有什么特殊要求?

目前,早期断奶一般是在3～5周。由于仔猪消化道功能对体温的调节能力和对疾病抵抗能力的特点,早期断奶后,其饲养比哺乳期还困难,通常有一周的生长停顿期,常称为断奶关。为减轻断奶应激的影响,一定要注意饲粮的配合。

断奶仔猪的饲粮有高营养浓度、防病作用、适宜的粗纤维含量、高消化率、酸化日粮等特点。因此,根据以上特点,早期断奶仔猪饲粮配合不只是按标准保证满足对各种养分的需要,还要从以下几个方面考虑早期断奶仔猪应激饲粮的配合。

(1)低蛋白质日粮 大量的研究表明,仔猪腹泻是导致早期断奶仔猪较高死亡率最主要的原因之一,日粮高蛋白水平已被证实会带来仔猪腹泻。近年来在生产中对断奶仔猪使用低蛋白质日粮已被较多采用,这一技术被认为可降低日粮抗原作用,使大肠中蛋白质腐败作用减弱。低蛋白质日粮技术是通过平衡日粮氨基酸,将日粮中的粗蛋白质在饲养标准的基础上降低3%～4%。仔猪对蛋白质的需求一般为18%,如添加赖氨酸1.5%、色氨酸和苏氨酸各0.16%,可将日粮粗蛋白质水平降低到17%直至14%,在减少仔猪腹泻发病率的基础上仍能保证仔猪正常的生产性能。采用这项技术时,应注意对日粮能量的补充,同时应尽量选用酸结合能力低的原料,以降低日粮缓冲能力。

(2)油脂的使用 断奶后7～10天,通过限制仔猪采食量也被证实可降低仔猪腹泻,高能值日粮(消化能15兆焦/千克)是有效的限饲日粮。生产中高能值日粮可通过添加脂肪配制，日粮中添加适量脂肪(3%～5%)对改善日粮适口性、提高仔猪增重及饲料利用率等方面有较好效果。在脂肪的选择上，植物性油脂如椰子油、玉米油、大豆油的利用率比动物性油脂如牛油、猪油要高，但随着仔猪年龄增长，这种差异将逐渐减少。

(3)用膨化大豆代替豆粕 由于植物饼粕类原料容易造成仔猪腹泻，故豆粕在仔猪日粮中的比例以不超过20%为宜，而棉籽饼、菜籽饼不适合作为仔猪饲料原料。膨化大豆较豆粕有利于仔猪消化。大量的试验表明，用膨化大豆代替豆粕，可减少早期断奶仔猪的腹泻率，提高日增重和饲料报酬。对于断奶早和较小的猪，膨化大豆取代豆粕的量可达100%，断奶晚和较大的猪少用膨化大豆以降低饲量成本，但不影响生长成绩。

(4)加酸制剂 仔猪断奶后，由于乳糖来源中断，会使仔猪胃内pH升高，不利于胃蛋白酶原转化为胃蛋白酶，胃蛋白酶活性降低。日粮中添加酸制剂可较有效地解决这一问题。试验证明，添加酸制剂对断奶后2周胃蛋白酶有强化作用，但其效果与酸制剂种类、日粮类型、断奶后时间有关。酸制剂在日粮中的添加量一般为0.5%～3%。有机酸与甲酸钙的效果在断奶后头2周最好；以后效果差甚至无效。有机酸对大豆饲粮的酸化效果比酪蛋白饲粮更好。甲酸钙或有机酸与高铜、酶制剂、碳酸氢钠同时使用具有累加效果，比单独使用其中任何一种效果都好。

(5)酶制剂 作为外源消化酶，酶制剂用于仔猪日粮可强化胃肠酶活性，有助于消化复杂的蛋白质和碳水化合物。实践证明，含有蛋白酶、淀粉酶、果胶酶、纤维素酶的复合酶制剂可显著提高仔猪断奶后2周内的增重和饲料利用率。

(6)尽可能多用乳制品及淀粉,有条件的可用血浆蛋白粉 血浆蛋白粉的添加量一般为5%,只用于6周龄前。乳制品在3～5千克体重时可用到25%～50%,5～10千克体重为5%～20%。血浆蛋白粉和乳制品对断奶愈早的猪,效果愈明显。乳制品中的乳糖在消化道易转变为乳酶,从而降低胃的pH,激活消化酶,刺激乳酸杆菌的生长,抑制大肠杆菌的增殖。

(7)抗菌促生长添加剂 腹泻对断奶仔猪的生产性能和存活率都带来不利影响。因此要配制能减少仔猪腹泻的日粮。可采用添加抗生素,并用定期轮换的方式使用抗生素以避免耐药性;也可使用抗生素替代品,如益生素、低聚糖、糖萜素、中草药添加剂等抗生素替代品,详细内容参见69题。

(8)添加适量的粗纤维 有人建议,将断奶仔猪第一阶段日粮中的粗纤维水平增加至5%来促进肠道功能的发育,减少食糜排空时间,从而减少细菌生长的底物。许多研究表明,适当提高断奶仔猪日粮粗纤维水平能有效地防治断奶仔猪的腹泻,预防仔猪结肠炎等。日粮纤维对猪胃肠道的保健的机制尚不清楚,其原因可能有:维持正常肠道微生物区系和微生态环境,防止消化功能紊乱;加快食糜的排空速度,减少有害菌的生成;纤维发酵减少了具有毒性的胺的形成。由于适量的纤维供给大肠菌群发酵的底物与非淀粉多糖发酵有关的酸性条件减少了具有毒性的胺的形成(如结肠和大肠内的尸胺、腐胺、组胺和色胺),从而减少腹泻;促进胃肠道后段适应消化功能,促进结肠的发酵;日粮纤维可与有机体的有害物质结合。例如,抗坏血酸葡萄糖酸大量聚集于体内对动物有害,粗纤维与之结合使之排出。

(9)使用血浆蛋白粉 血浆蛋白粉由猪血中分离,通过消毒灭菌而制成。其特点是富含免疫球蛋白和促生长因子、干扰素、激素、溶菌酶,可增强仔猪免疫机能,缓解应激反应。Sohn 等(1991)用 24 日龄断奶仔猪,比较了脱脂奶粉、血浆蛋白粉及喷雾干燥血粉的效果。结果表明,血浆蛋白粉和喷雾干燥血粉在改善生产性能上效果尤为突出。血浆蛋白粉的最佳使用效果与其添加量有关,一般不低于 3%,同时要注意质量的稳定性。

(10)猪肠绒蛋白粉(DPS)的选用 主要原料组成是猪肠黏膜水解蛋白,其来源是利用猪小肠黏膜在萃取肝素后经特殊酶处理浓缩加工的产品。其特点是除含有丰富的氨基酸外,还含有大量的寡肽,寡肽的吸收速度更快,效率更高,有缓解应激之功效。可代替血浆蛋白粉,并且猪肠绒蛋白粉的成本只有血浆蛋白粉的 1/6,从而降低配方成本。研究表明,在仔猪日粮中二者联合使用(添加 2.5%的猪肠绒蛋白粉与 2.5%的血浆蛋白粉)时,效果较好。

(11)大豆浓缩蛋白的选用 大豆浓缩蛋白是大豆经去皮、脱脂等工艺加工而成,其特点是去除了大豆中多种抗营养因子:胰蛋白酶抑制剂、凝集素、多种抗原、寡糖、皂素;清除了可溶性糖分从而减少了抗营养因子的危害;提高了可消化蛋白质含量;乙醇浸提适当加热处理从而降低了美拉德反应对氨基酸可消化利用性的影响。本品粗蛋白≥60%,赖氨酸≥3.8%,蛋氨酸≥0.8%,苏氨酸≥2.6%,消化能≥16.9 兆焦/千克。

(12)小麦水解蛋白 小麦水解蛋白是从小麦蛋白水解物中分离出的一种高消化率水溶性小麦蛋白产品,为浅黄色精制粉末,其特点是具有很高的谷氨酰胺含量(高达30%)。文献资料表明:在应激或限饲条件下(仔猪断奶时),谷氨酸盐是主要的限制性因素,断奶仔猪饲喂人工合成的谷氨酸盐,可改善小肠消化道形态(小肠绒毛结构),改善免疫应答。农业部饲料工业中心(2001)研究表明,小麦水解蛋白替代早期断奶仔猪日粮中4%～8%血浆蛋白粉,显著提高了生长性能,可降低仔猪腹泻发生率。

79. 生长肥育猪饲料有什么特殊要求?

(1)配制生长肥育猪饲料应注意的问题 从仔猪出生到肥育上市整个过程中,生长肥育阶段将消耗整个饲养期70%～75%的饲料,因此,饲料应以快速增重、调整猪肉品质为主。日粮营养一般考虑为高-中-低的肥育方式,即20～35千克阶段,采用高能高蛋白质日粮,粗蛋白质为17.8%;35～60千克阶段,粗蛋白质为16.4%,在全面考虑日粮营养平衡时,特别要注意满足粗蛋白质、赖氨酸、钙、磷、维生素A、维生素D、铁、锌和胆碱等营养指标,及饲料适口性和可消化性;60～90千克阶段,粗蛋白质为14.5%,该阶段日粮侧重点是满足消化能、赖氨酸、钙、磷、维生素A、维生素D、锌和铜等营养指标,并注意饲料成本;生长肥育全期饲粮消化能水平均为13.39兆焦/千克。而在喂量上,则采用体重在60千克以前,不限制喂量,让猪自由采食,每次饲喂量稍有剩余,以促进肌肉快速生长,每日饲喂4次;体重在60千克以后,限制采食量,每日饲喂量为自由采食的80%左右,以防止积累过多的脂肪。猪日粮粗纤维不宜过高,肥育期应低于8%。矿物质和维生素是猪正常生长和发育不可缺少的营养物质,长期过量或不足,将导致代谢紊乱,轻者增重减慢,严重的发生缺乏症或死亡。

(2)各种饲料原料在生长肥育猪日粮中的应用 生长肥育猪配合饲料中能量饲料原料一般占配合饲料的65%～75%，且可广泛使用谷物籽实，如玉米用量可占配合饲料的0%～75%，糙米占0%～75%，大麦占0%～50%，高粱占0%～10%，麸皮占0%～30%（前期不超过10%）等；蛋白质饲料用量一般占配合饲料的15%～25%，且以植物性蛋白质饲料为主，豆粕占配合饲料的10%～25%，棉、菜籽粕总用量可控制在10%以下（前期以不超过8%为宜），其他饼粕一般为5%以下；动物性蛋白质饲料一般不超过5%；此外配合饲料中可补充适量的粗饲料，如干草粉、树叶粉等，用量不易超过5%；矿物质、复合预混料（一般不含药物添加剂）占1%～4%。

80. 后备母猪饲料有什么特殊要求？

(1)调制后备母猪饲料要注意的事项 一是饲料营养品水平和蛋白质水平对后备母猪的生长发育尤其重要。体重达到90～100千克的后备母猪，根据体况要注意加料或限料。后备母猪太肥时，发情不正常或不明显，第一胎产仔哺乳性能差，断奶后发情困难；太瘦时，会出现不发情或推迟发情时间，第一胎产仔时乳汁差，影响仔猪的生长，断奶后虚弱或体况差，影响发情，严重时不能作种用甚至淘汰，从而缩短使用年限。后备母猪前期蛋白质和能量要求高，蛋白质18%，能量12.5兆焦/千克，后期要求低，蛋白质16%～17%，能量11.7～12.1兆焦/千克。二是体重在90～100千克以前的后备母猪，一般采用自由采食的方式喂料，测定结束后，根据体况，进行适当限料，防止过肥或过瘦。三是饲料中钙、磷的含量应足够。后备母猪在身体发育的阶段，饲喂能满足最佳骨骼沉积所需钙磷水平的全价饲料，可延长其繁殖寿命。一般，饲料中钙为0.95%，磷为0.8%。四是配种前3周开始，为了保证其性欲的正常和排卵数的增加，应适当增加饲料量至3千克左右。五是适当饲喂青饲料，可提高后备母猪的消化能力，促进生理功能的正常发挥。六是严禁使用对生殖系统有危害的棉籽饼、菜籽饼及霉变饲料。

(2)不同饲料原料在后备母猪饲粮中的应用 一般情况下，后备母猪配合饲料中玉米、糙米等谷物籽实类能量饲料占20%～45%；麸皮占20%～30%；统糠等粗饲料可占10%～20%；饼粕类等植物性蛋白饲料占15%～25%；矿物质、复合预混料占1%～3%。

81. 妊娠母猪的营养需要和饲料配制有什么特殊要求?

妊娠母猪饲养是养猪生产的重要环节之一，其生产性能的高低直接关系到整个生产环节的经济效益。妊娠母猪的营养状况不仅影响其生产性能，如产仔数、断奶到再发情时间间隔、利用年限，而且影响到仔猪的生产性能，如初生重、成活率及断奶窝重等。

妊娠期的饲养管理目标是：一方面，保证母猪有良好的营养储备，尽可能减少其泌乳期间的体重损失，保持其繁殖期间良好的体况，并促进乳腺组织的发育，保证泌乳期有充足的泌乳量；另一方面，母猪应摄入足够的营养物质以促进胚胎的存活、生长和发育。随着妊娠期的发展，妊娠、胚胎着床、胎儿发育和乳腺生长，母猪的营养需要也不断发生变化，在设计妊娠母猪日粮配方时应考虑这些变化，且应像生长猪一样采用阶段饲喂。妊娠母猪除妊娠后期外，营养需要量远远低于哺乳母猪的营养需要。

(1)营养需要和饲料配制特点 一是妊娠前期母猪对营养的需要主要用于自身维持生命和复膘，初产母猪主要用于自身生长发育，胚胎发育所需极少。二是妊娠后期胎儿生长发育迅速，对营养要求增加。三是同时根据妊娠母猪的营养利用特点和增重规律加以综合考虑：对妊娠母猪饲养水平的控制，应采取前低后高的饲养方式，即妊娠前期在一定限度内降低营养水平，到妊娠后期再适当提高营养水平。整个妊娠期内，经产母猪增重保持30～35千克为宜，初产母猪增重保持35～45千克为宜(均包括子宫内容物)。

(2)能量需要 母猪在妊娠初期采食的能量水平过高，会导致胚胎死亡率增高。试验表明，按不同体重，在消化能基础上，每提高6.28兆焦消化能，产仔数减少0.5头。前期能量水平过高，体内沉积脂肪过多，则导致母猪在哺乳期内食欲不振，采食量减少，既影响泌乳力发挥，又使母猪失重过多，还将推迟下次发情配种的时间。国外对妊娠母猪营养需要的研究认为，妊娠期营养水平过高，母猪体脂贮存较多，是一种很不经济的饲养方式。因为母猪将饲粮蛋白合成体蛋白，又利用饲料中的淀粉合成体脂肪，需消耗大量的能量，到了哺乳期再把体蛋白、体脂肪转化为猪乳成分，又要消耗能量。因此，主张降低或取消泌乳储备，采取“低妊娠高哺乳”的饲养方式。就妊娠全期而言，应限制能量摄入量，但能量摄入量过低时，则会导致母猪断奶后发情延迟，并降低了母猪使用年限(Dourmad，1993)。国外对妊娠母猪营养需要的研究主张，降低或取消泌乳储备，近30年来，美国对妊娠母猪的饲养标准一再降低，由20世纪50年代的37.66～46.86兆焦/天，削减到21.6兆焦/天。我国2004年新版饲养标准规定,对于配种体重为120～150千克、150～180千克、大于180千克,预期窝产仔数分别为10、11、11头的妊娠母猪:妊娠前期,采食量分别为2.1千克/日、2.1千克/日、2千克/日,饲粮消化能含量分别为12.75兆焦/千克、12.35兆焦/千克、12.15兆焦/千克,妊娠后期,采食量分别为2.6千克/日、2.8千克/日、3千克/日,饲粮消化能含量分别为12.75兆焦/千克、12.55兆焦/千克、12.55兆焦/千克。

(3)蛋白质和氨基酸需要 蛋白质需要量可表示为每一种必需氨基酸及总的非必需氨基酸需要量。确定必需氨基酸的需要量可归结为测定各种必需氨基酸之间的最适比例。赖氨酸通常是猪日粮中的第一限制性氨基酸,另外,苏氨酸在维持需要中起着较大的作用,所以妊娠母猪的苏氨酸推荐量比生长猪的高一些(生长猪的是65%)。小母猪在其首次妊娠期间,由于还未达到成熟体重,仍需要必需氨基酸以用于继续生长。因此,无论以每日需要量还是以日粮百分比来表示需要量时,初产母猪的需要量都高于经产母猪。由于常规蛋白质主要由谷物类供给,而谷物类饲料原料中赖氨酸及大多常规的必需氨基酸含量特别低,所以一般情况下赖氨酸水平和大多数其他必需氨基酸水平就都太低。因此,在实际生产中,妊娠母猪日粮的最低粗蛋白水平应高于13%。我国2004年新版饲养标准规定,对于配种体重为120～150千克、150～180千克、大于180千克,预期窝产仔数分别为10、11、11头的妊娠母猪:妊娠前期,粗蛋白质水平分别为13%、12%、12%,赖氨酸水平分别为0.53%、0.49%、0.46%,蛋氨酸水平分别为0.14%、0.13%、0.12%、苏氨酸水平分别为0.4%、0.39%、0.37%,色氨酸水平分别为0.1%、0.09%、0.09%,

妊娠后期，赖氨酸水平分别为 0.53%、0.51%、0.48%，蛋氨酸水平分别为 0.14%、0.13%、0.12%，苏氨酸水平分别为 0.4%、0.4%、9%、0.38%，色氨酸水平分别为 0.1%、0.09%、0.09%。

(4)妊娠母猪的粗纤维需要 母猪妊娠前期由于需要保持一定的体型，体况过肥导致胎儿过大，难产率上升，产后采食量差，奶水不好，断奶后不发情等问题，所以需要严格限制采食量。因此，适当增加日粮粗纤维含量。因此妊娠母猪料中的纤维含量较高，可使用较多的小麦麸、玉米麸、统糠、米糠、草粉等原料。大家常用的是小麦麸和米糠，但草粉尤其是苜蓿粉也是非常好的原料。使用小麦麸和米糠一定要注意其品质。统糠也是不错的选择，但一定要磨细。母猪可以通过后肠发酵而从日粮纤维中获取能量。低能量而高纤维的日粮可减少便秘，并可预防母猪肥胖。妊娠母猪饲喂低能量而高纤维的妊娠期日粮，可提高母猪在改喂高能量哺乳料时的采食量。此外，增加妊娠期日粮中的纤维含量减轻了母猪的应激行为，比如舔舐、咬啮栏杆和假性咀嚼。目前一般的猪场多用优质草粉和各种青绿饲料来满足妊娠母猪对维生素的需要，使母猪有饱感，防止异癖行为和便秘，还可降低饲养成本。许多动物营养学家认为，母猪饲料可含 10%～20%的粗纤维。

(5)钙、磷、锰、碘等矿物质和维生素 A、维生素 D、维生素 E 等是胚胎正常发育的有效保证 妊娠后期的矿物质需要量增大，不足时会导致分娩时间延长，死胎和骨骼疾病发生率增加。缺乏维生素 A，胚胎可能被吸收、早死或早产，并多产畸形和弱仔。妊娠母猪对维生素 A 的需要比生长猪一般高 2～3 倍，维生素 D 的需要量比一般比生长猪高 1～1.5 倍，维生素E需要量比生长猪高2倍左右，叶酸的需要量一般比生长猪高1倍左右。

矿物质和维生素的需要参见表3-1(我国2004年新版饲养标准)。

表3-1　瘦肉型妊娠母猪矿物质和维生素需要　(88%干物质)

配种体重(千克)	妊娠前期			妊娠后期		
	120～150	150～180	>180	120～150	150～180	>180
矿物元素(%)或每千克饲粮含量						
钙(%)	0.68					
总磷(%)	0.54					
有效磷(%)	0.32					
钠(%)	0.14					
氯(%)	0.11					
镁(%)	0.04					
钾(%)	0.18					
铜(毫克)	5.0					
碘(毫克)	0.13					
铁(毫克)	75.0					
锰(毫克)	18.0					
硒(毫克)	0.14					
锌(毫克)	45.0					
维生素和脂肪酸(%)或每千克饲粮含量						
维生素A(国际单位)	3620					
维生素D_3(国际单位)	180					

续表 3-1

配种体重（千克）	妊娠前期			妊娠后期		
	120～150	150～180	>180	120～150	150～180	>180
维生素 E(单位)	40					
维生素 K(毫克)	0.50					
硫胺素(毫克)	0.90					
核黄素(毫克)	3.40					
泛酸(毫克)	11					
烟酸(毫克)	9.05					
吡哆醇(毫克)	0.90					
生物素(毫克)	0.19					
叶酸(毫克)	1.20					
维生素 B_{12}(微克)	14					
胆碱(克)	1.15					
亚油酸(%)	0.10					

注：1. 妊娠前期指妊娠前 12 周，妊娠后期指妊娠后 4 周；“120～150 千克”阶段适用于初产母猪和因泌乳期消耗过度的经产母猪，“150～180 千克”阶段适用于自身尚有生长潜力的经产母猪，“180 千克以上”指达到标准成年体重的经产母猪，其对养分的需要量不随体重增长而变化

2. 矿物质需要量包括饲料原料中提供的矿物质

3. 维生素需要量包括饲料原料中提供的维生素

(6)对饲料原料的要求

①保证饲料的质量。不可用发霉、变质、冰冻、有毒性和强烈刺激性的饲料，否则易引起流产、死胎和弱胎。

②添加脱霉剂。发霉饲料中的霉菌毒素对胎儿的健康及母猪的繁殖性能危害很大，为防止饲料发霉，因此脱霉剂可应

用到母猪料中，效果十分明显。

③在妊娠中后期，为提高日粮能量浓度，可添加脂肪，但油脂的添加量以不超过5%为宜。

④含有毒素的饲料将导致母猪流产，因此，棉籽饼和菜籽饼等不宜使用。

⑤可以多用营养全面的青粗饲料。

⑥一般情况下，妊娠母猪配合饲料中玉米、糙米等谷物子实类能量饲料占45%～75%；麸皮占20%～30%；饼粕类等植物性饲料占10%～20%；鱼粉等动物性蛋白质饲料占0%～5%；优质牧草类饲料占0%～10%；矿物质、复合预混料占2%～4%。

82. 哺乳母猪的营养需要和饲料配制有什么特殊要求？

泌乳期的饲喂目标是使母猪产生足够的乳汁以哺育仔猪，并要防止体重减轻过多，以保证断奶后能尽快发情和配种。

(1)哺乳母猪营养需要

①能量需要　泌乳期每天的能量需要包括维持需要和泌乳需要。泌乳量在哺乳期开始时比较少，大约在分娩后3周达到高峰。泌乳期的能量需要量主要取决于哺乳仔猪的数量。母猪的能量和氨基酸需要首先通过采食日粮来满足，不足部分通过动用机体储备来满足。如果能量不足，都会降低母猪促黄体激素的分泌，并延长母猪从断奶到再发情的间隔时间，还有可能导致不发情。在大多实际情况下，泌乳母猪不能采食足够的饲料满足其对能量的需要，因此一般在泌乳期间都会出现体重减轻的情况。一般而言，初产母猪能量缺

乏及体重损失通常都极为明显。有许多证据表明,贮存的脂肪极度减少会阻碍母猪的发情周期。从商品猪的生产经验来看,体脂丢失程度是许多母猪繁殖效率不高的一个重要因素。因此,应提高日粮营养浓度或提高哺乳母猪的采食量。

哺乳母猪能量需要水平见表 3-2。

表 3-2 瘦肉型泌乳母猪每千克饲粮养分含量 (88%干物质)

分娩体重(千克)	140～180		180～240	
泌乳期体重变化(千克)	0.0	−10.0	−7.5	−15
哺乳窝仔数(头)	9	9	10	10
采食量(千克/天)	5.25	4.65	5.65	5.20
饲粮消化能含量(兆焦/千克)	13.80	13.80	13.80	13.80
饲粮代谢能含量(兆焦/千克)	13.25	13.25	13.25	13.25
粗蛋白质(%)	17.5	18.0	18.0	18.5
能量蛋白比(DE/CP)(千焦/%)	789	767	767	746
赖氨酸能量比(Lys/DE)(克/兆焦)	0.64	0.67	0.66	0.68
氨基酸(%)				
赖氨酸	0.88	0.93	0.91	0.94
蛋氨酸	0.22	0.24	0.23	0.24
蛋氨酸+胱氨酸	0.42	0.45	0.44	0.45
苏氨酸	0.56	0.59	0.58	0.60
色氨酸	0.16	0.17	0.17	0.18
异亮氨酸	0.49	0.52	0.51	0.53
亮氨酸	0.95	1.01	0.98	1.02
缬氨酸	0.74	0.79	0.77	0.81
组氨酸	0.34	0.36	0.35	0.37
苯丙氨酸	0.47	0.50	0.48	0.50
苯丙氨酸+酪氨酸	0.97	1.03	1.00	1.04

续表 3-2

矿物元素(%)或每千克饲粮含量	
钙(%)	0.77
总磷(%)	0.62
有效磷(%)	0.36
钠(%)	0.21
氯(%)	0.16
镁(%)	0.04
钾(%)	0.21
铜(毫克)	5.0
碘(毫克)	0.14
铁(毫克)	80.0
锰(毫克)	20.5
硒(毫克)	0.15
锌(毫克)	51.0
维生素和脂肪酸(%)或每千克饲粮含量	
维生素 A(国际单位)	2050
维生素 D_3(国际单位)	205
维生素 E(国际单位)	45
维生素 K(毫克)	0.5
硫胺素(毫克)	1.00
核黄素(毫克)	3.85
泛酸(毫克)	12
烟酸(毫克)	10.25
吡哆醇(毫克)	1.00
生物素(毫克)	0.21
叶酸(毫克)	1.35
维生素 B_{12}(微克)	15.0
胆碱(克)	1.00
亚油酸(%)	0.10

②蛋白质和氨基酸的需要　大量研究表明，提高哺乳母猪饲料的蛋白质和氨基酸水平，可以提高仔猪的断奶重，减少母猪哺乳期失重，缩短断奶后的发情间隔。母猪泌乳期间的体重减轻中有高达 1/3 的部分是肌肉组织的减少。机体分解肌肉组织中的蛋白质来提供泌乳所需的氨基酸。而在下个繁殖周期补偿瘦肉损失要比补偿脂肪损失难得多，还会影响母猪以后的繁殖性能。据报道，泌乳期间体蛋白损失量由 5 千克降至 0 可使断奶至发情间隔由 20 多天缩短为不足 10 天。

氨基酸中，赖氨酸、缬氨酸、色氨酸非常重要。赖氨酸为哺乳母猪的第一限制性氨基酸。据报道，将初产母猪哺乳期日粮的赖氨酸水平从 0.62%增至 1.5%，下一窝产仔数从 10 头增加至 11 头；在第一个泌乳期内，与低于 37 克/天的赖氨酸摄入量相比，58 克/天以上的赖氨酸摄入量可使第二胎产仔数由 9.6 头增至 10.7 头。有人对赖氨酸摄入量与窝增重的回归统计表明，每天每千克窝增重需要 26 克赖氨酸。Dourmad 研究表明，泌乳期初产母猪对日粮可消化赖氨酸的利用能力可达 48 克/天(58 克/天总赖氨酸)，从而最大限度地减少体蛋白的损失；当可消化赖氨酸水平低于 48 克/天时，母猪就动用大量的蛋白质以维持产奶。Touchette 认为，为了增加下一次的窝产仔数，母猪在泌乳期间至少应摄入 52 克/天的赖氨酸。另外，日粮中的赖氨酸水平与能量具有互作关系。Tokach 报道，为了提高产奶量，随着消化能摄入量的增加，赖氨酸需要量相应增加，因此，在配制高能哺乳日粮时，赖氨酸的水平应相应提高。

近几年的研究表明，缬氨酸对于泌乳母猪十分重要。研究表明，从泌乳前 2 天至 21 天断奶期间给母猪饲以 2 克/天羟甲基丁酸(HMB)，可使乳脂水平提高 41%，21 日龄时的断奶重及断奶增重均增加7%。缬氨酸的需要量和赖氨酸需要量是互相关联的，当饲粮赖氨酸水平超过0.8%，缬氨酸将成为哺乳母猪的第一限制性氨基酸，当它们的比例在1.2∶1时，母猪泌乳量显著增加。

色氨酸也是哺乳母猪需要的重要氨基酸。使用过多的赖氨酸，可造成色氨酸的不足，缺乏色氨酸会影响母猪的采食量，从而影响母猪体内营养平衡。

③*矿物质需要* 泌乳期母畜从乳中分泌大量的矿物质，母猪在2个月哺乳期内，分泌出矿物质2～2.5千克，泌乳高峰时，每日从乳中分泌出矿物质350～400毫克，因此，必须保证哺乳母猪所需的矿物元素。有研究表明，哺乳母猪的矿物质需要与产奶量直接相关。哺乳母猪对维生素和矿物质的需求与妊娠母猪是有些区别的，尤其是某些常量元素，如钙和磷，由于有大量的钙、磷由奶中排除，因此对钙需要量高。如果钙磷缺乏，会引起产后瘫痪、哺乳量下降。第一胎母猪对钙磷的营养状况更为敏感。另外，哺乳母猪的电解质元素平衡很重要，对母猪的哺乳能力、乳房炎的预防、产后下痢的防治和仔猪生产性能都有影响。对钠和氯的需要，猪奶中的钠含量为0.03%～0.04%，当哺乳母猪饲粮中食盐含量从0.5%降低到0.25%时，仔猪断奶窝重显著降低，所以，哺乳母猪饲粮中食盐的水平要比妊娠母猪饲粮增加0.05%以弥补产奶损失。对于镁的需要，研究表明，尽管饲粮中镁缺乏可能导致哺乳母猪体内镁的负平衡，但短期内对繁殖性能没有影响。哺乳母猪饲粮锰含量从5毫克/千克增加到20毫克/千克时，猪初乳和常乳中锰含量显著增加，但是锰的存留量几乎不变。最新证明，铬是一种必需微量元素，目前大家普遍使用有机铬来增加窝产仔数量及延长母猪的生命周期。锌对母猪的繁殖

性能有着特殊的重要作用。

泌乳期母猪的矿物元素需要可参照表3-2。

④维生素需要 哺乳母猪对维生素的需求与妊娠母猪不同，但有关哺乳母猪维生素需要量的研究很少。有报道，每日供应泌乳母猪2 100国际单位维生素A，可以保证血液和肝脏中维生素A正常含量。维生素E很难通过胎盘转移到胎儿，有报道，当哺乳母猪饲粮中含有5～7毫克/千克的维生素E和0.1毫克/千克的硒可保证母猪繁殖性能正常，仔猪不出现缺乏症。维生素E含量从44毫克/千克增加到60毫克/千克可以使仔猪断奶窝重和免疫力大大提高。

泌乳母猪对维生素的需要请参照表3-2。

⑤必需脂肪酸的需求 集约化养殖的母猪对必需脂肪酸有特殊的需求，目前以亚油酸和花生四烯酸较为重要，建议添加量分别不得低于7克/千克 和5克/千克。

(2)哺乳母猪的饲料配制 泌乳母猪需要高能量、高蛋白、高氨基酸水平和高可利用营养物质浓度的日粮。由于哺乳母猪料使用的基本上都是大众化原料，故人们容易忽略这些原料的品质问题，有些饲料厂和猪场还故意将一些变质的、差的原料放进去，这样做的危害很大，虽然短期内表现不出来，肉眼也很难观察，但通过对比、统计等手段可知道。因此，选择原料时应注意：①必须选择优质且易于消化的原料，千万不要使用适口性差、影响采食量、含霉菌和毒素的原料。②添加脂肪，哺乳母猪的能量需要高，而添加高能量浓度的脂肪，可以提高日粮的能量浓度和母猪的能量采食量，降低高温应激对母猪产生的副作用，但是脂肪添加量高于5%会降低母猪以后的繁殖性能，并且提高饲料成本且不易贮存。③膨化大豆，对提高母猪泌乳能力有很大帮助，但在哺乳料中使用量不宜超过30%，否则可导致母猪在哺乳期内有发情现象，导致断奶后发情异常，配不上种，严重影响猪的生产规律，造成更大的经济损失。④补饲合成氨基酸。在炎热气候条件下，泌乳母猪对粗蛋白含量高的饲料采食量减少，故应给分娩舍中的母猪饲喂高利用率的蛋白质，或者补饲合成氨基酸，同时还要增加矿物质和维生素含量，以保持良好的泌乳性能。⑤在低成本日粮配方中，为掩盖不良气味，可加入调味剂，添加酶制剂。⑥一般情况下，哺乳母猪配合饲料中玉米、糙米等谷物籽实类饲料占45%～65%；麸皮等糠麸类饲料占5%～30%；饼粕类饲料占15%～30%；优质牧草类饲料占0%～10%；矿物质、复合预混料占1%～4%。

83. 种公猪饲料有什么特殊要求？

正常的瘦肉型生产公猪指日龄达8个月、体重大于120千克的生理发育正常的公猪。一般情况下，自然交配时，1岁以前，每2周使用3次或隔3～5天用1次；1岁后，每周可使用3～4次或隔天使用1次或连用2天休息2天。由于使用频繁，因此，种公猪的日粮合理与否尤其重要。

生产中，对种公猪的要求是，保持健壮的体况、旺盛的性欲和配种能力，产出正常的精子。因此，就必须从饲粮中获得所必需而全面的营养物质。

(1)种公猪的配合饲料要求 以保证良好的繁殖性能为根本出发点，满足其营养需要，种公猪饲粮应达到的营养水平，根据美国(1998)NRC标准，公猪每天采食2千克饲料，其中粗蛋白质13%、赖氨酸0.6%、蛋氨酸和胱氨酸0.42%，饲粮消化能为13.66兆焦/千克、钙0.95%、总磷0.8%。目前国内在调配种公猪饲料时，基本以高蛋低能为原则，公猪每天采食2.2千克饲料，其中粗蛋白质13.5%、赖氨酸0.55%、蛋氨酸和胱氨酸0.38%，饲粮消化能为12.95兆焦/千克、钙0.70%、总磷0.8%。

(2)配制配合饲料时应注意

①保证日粮蛋白质水平及氨基酸平衡　满足种公猪对蛋白质的要求是重点考虑的问题，因为种公猪1次射精量一般能达到200～400毫升，优秀个体能高达800～900毫升，比其他家畜量都多，而蛋白质是精液中干物质的主要成分，饲粮中提供一定数量的全价高品质蛋白质，对增加种公猪的射精量、提高精液品质和延长精子寿命都有很大作用，因此，必须保证种公猪对蛋白质的需要。种公猪饲粮中粗蛋白质含量在15%左右为宜，在配种旺季或使用频繁时，如能在公猪口粮中把鱼粉再提高1%～2%，或每头公猪每天喂给2～5枚带壳熟鸡蛋，或加入5%煮熟切碎的仔猪胎衣，对提高射精量和精液品质效果非常明显。另外，据有关资料表明，色氨酸的缺乏可引起公猪的睾丸萎缩，从而影响其正常生理功能。

②注意钙、磷平衡　钙、磷对种公猪的精液品质也有很大影响，缺乏时，精液中发育不良和活力不强的精子增加。在种公猪的饲粮中应含有0.75%左右的钙，钙磷比应为1.25∶1。

③注意控制能量水平　供给种公猪的能量不宜过高，否则，易引起公猪过肥，性欲减退，不愿配种，甚至造成睾丸脂肪变性，射出的精子不健全，不能受胎。当然如因饲料单一、配种过度、公猪瘦弱，不仅射精量少、质差，也影响母猪受胎。饲料中能量应达到11.3～12.1兆焦/千克。一般，符合营养标准的饲料，根据种公猪的体况，每天饲喂2.3～2.5千克。

④注意强化维生素、矿物质、微量元素　这些营养素与

猪胚胎发育息息相关。微量元素硒、锌、碘、钴、锰缺乏时，会影响公猪繁殖性能、睾丸萎缩、精液的生成和精液品质等，要求种公猪饲粮中，硒、锰、锌含量应分别不少于0.15毫克/千克、10毫克/千克和50毫克/千克。维生素是种公猪饲粮中不可缺少的营养物质。维生素A缺乏时，睾丸就会肿胀、萎缩，不能产生精子；维生素C和维生素E不足时，精液品质下降。

⑤补饲青饲料　坚持饲喂配合饲料的同时，每天添加0.5～1千克的青绿多汁饲料，可保持公猪良好的食欲和性欲，一定程度上提高了精液的品质。

(3)对饲料原料的要求　公猪最好不用棉籽饼、片、仁作饲料。因为在棉籽饼、片、仁中含有较多的棉酚，棉酚作用于种公猪睾丸细精管上皮，对各级生精细胞均有影响，尤以对中、后期和接近成熟的精子影响最大，并可引起睾丸退化。为了保证种公猪有旺盛的性欲和高质量的精液及精子，以便繁殖健康的仔猪，所以，最好少喂棉籽饼、片、仁。特别是种棉花较多的地区，更应注意这一点。必须饲喂时，应先对其进行脱毒后再加入日粮中少量饲喂。

一般情况下，种公猪配合饲料中各原料的用量参照妊娠母猪饲料。

84. 如何用手算法设计饲料配方?

饲料配制即设计饲料配方，就是根据动物营养学原理，利用数学方法，求得各种原料的合理配比。制作配方时，需要有动物营养需要量参数，饲料原料价格及营养成分含量的数据资料，然后，用多种不同的方法计算出合理的各种原料配比。以计算的方法不同，有很多种饲料配方制作的方法。手算法设计饲料配方使用最多的是试差法，交叉法和代数法一般在饲料种类不多及考虑的营养指标少的情况下采用，下面重点介绍一下试差法的应用。

(1)试差法 又称凑数法，即首先根据经验初步拟出各种饲料原料的大致比例，然后用各自的比例去乘以该原料所含的各种营养成分的百分含量，再将各种原料的同种养分相加，即得到该配方的每种养分的总量，将所得结果与饲养标准相比较，若有任何一种养分超过或不足时，可通过增减相应的原料比例进行调整和重新计算，直到所有的营养指标都基本满足要求。优点：简单易学，灵活掌握，学会后可逐步深入，掌握各种配料技术；缺点：计算量大、麻烦，盲目性较大，不易筛选出最佳配方。猪和家禽的饲料配方可按试差法进行。

(2)试差法设计猪饲料配方的步骤

①查表 分别从饲养标准和饲料营养价值表中，确定每千克饲粮营养成分含量与拟用饲料的营养成分。

②试配 初步拟定各种饲料占饲粮的百分比，进行试配，并计算出试配饲粮中能量和蛋白质的含量与饲养标准规定定额是否相符合。通常，只要试配饲粮营养含量与饲养标准规定定额基本相符合即可，不再进行调整。

③调整 经过试配，可发现某些营养物质比饲养标准低，而另一种营养物质超过了标准规定的数量。因此应对饲料进行调整，如：试配的蛋白质偏低，而能量偏高，那就应适当增加蛋白质饲料，减少某些能量饲料用量，直到大体符合饲养标准为止。

④补充 根据需要补充预混添加剂。

示例：用玉米、麸皮、豆粕、棉粕、菜粕、石粉、磷酸氢钙、食盐、复合预混料为20～50千克的生长猪配制全价饲料。

第一步，查我国猪饲养标准，并参考美国 NRC(1998)饲养标准，确定 20～50 千克的生长猪的营养需要量，见表 3-3。

表 3-3　20～50 千克的生长猪的营养需要量　(%)

消化能	粗蛋白质	钙	有效磷	赖氨酸	蛋氨酸＋胱氨酸
12.98 (兆焦/千克)	16	0.6	0.23	0.95	0.54

第二步，查猪的饲料成分及营养价值表，列出所用饲料原料的营养成分含量，见表 3-4。

表 3-4　猪用饲料原料营养价值

原　料	消化能 (兆焦/千克)	粗蛋白质 (%)	钙 (%)	有效磷 (%)	赖氨酸 (%)	蛋氨酸＋胱氨酸 (%)
玉　米	14.27	8.7	0.02	0.10	0.24	0.38
麸　皮	9.37	15.7	0.11	0.30	0.58	0.39
豆　粕	13.18	43.0	0.32	0.20	2.45	1.30
棉　粕	9.46	42.5	0.24	0.25	1.59	1.27
菜　粕	10.59	38.6	0.65	0.33	1.30	1.50
磷酸氢钙			21.0	16.0		
石　粉			36.0			

第三步试配。初步确定各种风干饲料在配方中的重量百分比，并进行计算，得出初配饲料计算结果，并与饲养标准比较。

一般情况下，生长猪饲料中各原料的比例为，能量饲料

65%～75%，蛋白质饲料15%～25%，矿物质与预混料占3%左右。故初步拟定蛋白质饲料原料的用量为19%，其中棉粕和菜粕适口性差，并含抗营养因子，总用量一般不宜超过8%，各设定为3%，豆粕为13%，麸皮为10%，则玉米为68%。

第四步计算初拟配方营养成分含量(表3-5)。

表3-5 初拟配方组成

原料	比例(%)	消化能(兆焦/千克)	粗蛋白质(%)
玉米	68	9.70	5.92
麸皮	10	0.94	1.57
豆粕	13	1.71	5.59
棉粕	3	0.28	1.28
菜粕	3	0.32	1.16
总计	97	12.95	15.52
与标准比较	−3	−0.03	−0.48

第五步调整配方。与饲养标准比较，能量和蛋白均不能满足需要，因此，用能量和蛋白含量均较高的某一原料代替同比例的另一原料。因此，用豆粕代替麸皮，每代替1%，则蛋白质含量提高27.3%(43−15.7)，能量含量相应增加3.81兆焦/千克(13.18−9.37)，要使蛋白质含量达到标准，应代替1.76%(0.48/27.3)的麸皮，调整后豆粕比例为14.76%，麸皮比例为8.24%。重新调整后计算配方营养成分含量(表3-6)。

表 3-6 调整后配方组成 （%、兆焦/千克）

原 料	比 例	消化能	粗蛋白质	钙	有效磷	赖氨酸	蛋氨酸+胱氨酸
玉 米	68	9.70	5.92	0.01	0.068	0.163	0.258
麸 皮	8.24	0.77	1.29	0.01	0.025	0.048	0.032
豆 粕	14.76	1.95	6.35	0.05	0.03	0.362	0.192
棉 粕	3	0.28	1.28	0.01	0.008	0.048	0.038
菜 粕	3	0.32	1.16	0.02	0.10	0.039	0.045
总 计	97	13.02	16.40	0.10	0.141	0.66	0.565
与标准比较	−3	+0.04	0	−0.50	−0.089	−0.29	+0.025

由表 3-6 可知，蛋白质、能量以满足需要，不再调整，接下来调整钙、磷、氨基酸含量。先用磷酸氢钙满足磷的需要，需要磷酸氢钙 0.56%(0.09/16)，则钙含量增加了 0.118%(0.0056×21%)，仍缺 0.382(0.50−0.118)%，则石粉用量为 1.06%(0.382/36)。合成赖氨酸(效价按 78%计算)用量为 0.37%(0.29/78)。

表 3-7 二次调整后配方组成及营养成分含量 （%、兆焦/千克）

原 料	比 例	消化能	粗蛋白质	钙	有效磷	赖氨酸	蛋氨酸+胱氨酸
玉 米	68	9.70	5.92	0.01	0.068	0.163	0.258
麸 皮	8.24	0.77	1.29	0.01	0.025	0.048	0.032
豆 粕	14.76	1.95	6.35	0.05	0.03	0.362	0.192
棉 粕	3	0.28	1.28	0.01	0.008	0.048	0.038
菜 粕	3	0.32	1.16	0.02	0.10	0.039	0.045
石 粉	1.06	—	—	0.382	—	—	—
磷酸氢钙	0.56	—	—	0.118	0.09	—	—

续表 3-7

原　料	比　例	消化能	粗蛋白质	钙	有效磷	赖氨酸	蛋氨酸+胱氨酸
赖氨酸	0.37	—	—	—	—	0.29	—
食　盐	0.30	—	—	—	—	—	—
预混料	1.00	—	—	—	—	—	—
总　计	100.29	13.02	16	0.60	0.23	0.95	0.565
与标准比较	+0.29	+0.04	0	0	0	0	+0.025

配方中各养分含量均略高于饲养标准，且都在允许误差范围内，但原料总合稍大于100%，可相应减少玉米比例。最后配方见表3-8。

表 3-8　体重 20～50 千克生长猪配合饲料配方　（%、兆焦/千克）

原　料	比　例(%)	营养水平	
玉　米	67.71	消化能(兆焦/千克)	13.02
麸　皮	8.24	粗蛋白质(%)	16
豆　粕	14.76	钙(%)	0.60
棉　粕	3	有效磷(%)	0.23
菜　粕	3	赖氨酸(%)	0.95
石　粉	1.06	蛋氨酸+胱氨酸(%)	0.565
磷酸氢钙	0.56		
赖氨酸	0.37		
食　盐	0.30		
预混料	1.00		
总　计	100		

(3)利用试差法计算饲料配方的思路 首先抓住关键指标。饲养标准中列出几十项营养指标，除了能量、蛋白质、赖氨酸、蛋氨酸、钙、磷这几项指标在拟定配方时必须考虑外，维生素、微量元素一般可先不考虑，在上述指标平衡后，按标准额外添加即可。

初拟配方时，先将矿物质、食盐、预混料等原料的用量确定。

对原料的营养特性要有一定的了解，确定含有毒素、营养抑制因子等原料的用量。通过观察对比各原料的营养成分含量，来确定用来相互替代的原料。

调整配方时，先以能量和蛋白质为目标进行，然后考虑矿物质和氨基酸。

矿物质不足时，首先以含磷高的原料满足磷的需要，再计算钙的含量，不足的钙以低磷高钙的原料补充。

氨基酸不足时，以合成氨基酸补充，但要考虑氨基酸产品的含量和效价，超出的氨基酸如果不是太高，可以不做进一步调整。目前可用作饲料添加剂的合成氨基酸有赖氨酸、蛋氨酸、苏氨酸和色氨酸。从营养角度讲，日粮粗蛋白质水平降低2～4个百分点，通过添加赖氨酸、蛋氨酸等完全可满足蛋白质的需要，而不影响生产成绩。用低质蛋白饲料时，添加合成氨基酸比直接用饲料中的氨基酸平衡饲粮，其生产成绩更理想。

合理确定维生素和微量元素预混料的添加量。维生素和微量元素预混料的添加一般较简单。如果买的是成品，按说明添加即可。微量元素超过或缺10%～20%，对于生产成绩不会有明显影响。需要注意的是，所用饲料是否特别缺乏或本身含有过量的接近中毒剂量的某种微量元素。如有这种情况，配方时或使用产品时应注意补充或排除。

维生素预混料的添加要做到绝对准确合理较困难。目前添加维生素，除了满足动物需要，往往还具有抗氧化、增强动物免疫力和延长肉品贮存时间等作用。同时，饲料中的维生素在加工、贮存中也容易损失。因此，各个厂商推荐的量以及与饲养或营养标准推荐的量差异很大，使用时可根据当地饲料和畜禽的具体情况做适当增减。一般厂商推荐的也只是一个范围。

配方计算时不必过分拘泥于饲养标准。饲养标准的选择和确定会因配方设计者的理论知识和经验不同而异，只是一套参考值，原料的营养成分也不一定是实测值。对实际配方的营养浓度与标准值的接近程度要求愈高，进行的计算次数和计算量愈大，以试差法完全达到饲养标准是不现实的，应力争使用现代化的计算机优化系统。

配方营养浓度应稍高于饲养标准，配方设计者可以确定一个最高的超出范围，如1%或2%。

85. 运用计算机设计饲料配方有哪些优点？如何运用计算机优化饲料配方？

(1)计算机设计饲料配方 即采用计算机技术，将运筹学中有关数学模型编织成专门的程序软件，输入相关的数据资料后即可设计出饲料配方，并进行优化决策。常用的数学模型主要有：线形规划、多目标规划、模糊规划、概率模型和多配方技术等。

计算机规划法的优点是：可全面考虑营养、成本、和效益的问题；简化了配方设计工作；大大提高了设计配方的效率；降低了饲料成本，有利于设计出最低成本或最佳效益配方；可提供更多的参考信息，计算机配方软件在给出计算结果的同时，还给出一系列参考信息，这些信息对调整配方、经济分析与决策提供定性和定量参考，保证生产、经营、决策科学化。但一个好的饲料配方，是营养原理＋经验＋计算机技术的有机结合。目前，常用的外国著名饲料软件有：Format 软件（英国），美国的 Brill 软件（美国），Mixit 软件（美国）等；国产配方软件-Refs 系列配方软件，资源配方 Rems 师软件，CMIX 软件，三新智能配方系统，农博士饲料配方软件，饲料通 MAF-IC-soft 等。借助于这些软件，只要注意产品定位科学，原料合格，抗营养物质的含量、适口性问题等非营养因素，就能提高配方的速度和准确性，达到配方营养平衡，成本经济的效果。但这些饲料配方软件价格不菲，如 Brill 软件 2 万～3 万美金，资源配方师-Refs（3.11 版）6 000～8 000 元，因此，在小型饲料厂和一般养殖场的应用并不普及。

(2)优化配方的主要步骤

首先，根据原料的来源、价格、适口性、消化特点、营养特点、有无毒性及使用动物的情况，选定参与配方的饲料种类，查看营养含量并根据测定数据做适当修改，输入价格、用量限制。

第二，选择合理的饲养标准。并根据国内外正式公布使用的饲养标准，结合设计者的理论水平、实际经验和本地长期生产的经验数据；参考用户的特殊要求等做适当修正；有的指标要有上下限约束，有的只有上限（或下限）约束。

第三，结合饲养标准及原料数据建立配方模型。

第四，运行配方优化程序，求解。

第五，检查的配方结果是否满足要求。不满足要求时，应根据计算机提供的信息，有针对性地对约束条件和限制量等进行反复修正，直到得到一个营养均衡、价格合理、预期效益高的饲料配方。

86. 什么是宰前配方？设计宰前配方应注意哪些问题？

（1）宰前配方 是指屠宰前的特定饲养阶段（出栏前1个月），为了改善猪的某些性状（如肉质、背膘厚等）而采取的配方。

（2）设计猪宰前配方应注意的问题

①控制营养水平 营养水平明显影响背膘厚、猪肉水分含量、肌内脂肪含量和肌肉失水率，其影响主要发生在50千克以后。此时降低营养水平（50～80千克：消化能12兆焦/千克，粗蛋白质13.2%。80～100千克：粗蛋白质11.3%）可以降低背膘厚，增加肌肉的含水量，降低滴水损失。陈代文等（2002）报道，高营养水平（50～80千克：消化能12兆焦/千克，粗蛋白质15.5%。80～100千克：粗蛋白质13.2%），虽可提高肌间脂肪含量，但同时使肌肉的失水率增加，肌纤维增粗，对肉质改善有负面影响。欧秀琼等（1995）研究也表明高营养水平、自由采食能导致失水率、贮存损失升高，pH值降低，有使肉质变劣的趋势。因此在宰前配方中对营养水平有所控制。

②确定合理的饲粮蛋白质水平、加强赖氨酸、蛋氨酸和色氨酸等的营养 确定适宜的饲粮蛋白质水平，是宰前配方的要点。Goerl等（1995）研究表明随着饲粮蛋白质水平增加，胴体背膘下降，瘦肉率增加，肌肉大理石纹趋于下降，肉嫩度下降，系水力升高，肌内脂肪下降。Witte等（2000）认为，赖氨酸可以促进肌内脂肪合成和产生风味感，同时也可以进一

步满足肌红蛋白合成以增进肉色，因为肌红蛋白中赖氨酸比例较高，因此，赖氨酸在宰前配方中依然是必需加强的营养素。Louqhmiller 等(1998)的试验提示肥育后期的总含硫氨基酸与赖氨酸的比例调至 0.47∶0.65 较有利于兼顾瘦肉生长和胴体品质两个方面。邓波等(2003)报道，色氨酸是 5-羟色胺的前体物质，有减缓应激反应、改善肉质的作用，但宰前饲粮中色氨酸一旦过量，其代谢产物 3-甲基吲哚会导致猪肉异味。因此在宰前配方设计中须谨慎。

③注意脂肪酸的水平　猪能够完整地吸收脂肪酸并沉积于脂肪中，因此猪肉脂肪酸的组成与饲粮中的脂肪酸密切相关。增加猪肉中不饱和脂肪酸，特别是 n-3 多不饱和脂肪酸如 EPA(C 20∶5)和 DHA(C 22∶6)的含量，可以提高猪肉中相应脂肪酸的含量，有利于提高猪肉的保健价值。但随着猪肉中不饱和脂肪酸的比例提高，猪胴体脂肪变软，脂肪氧化酸败程度增加，猪肉产生异味(如鱼腥味等)，猪肉品质下降。Leskanich 等(1997)在肥育饲粮中加入 2%菜籽油和 1%鱼油显著提高了猪体组织中 n-3 脂肪酸含量，但肉的抗氧化能力较差，因此需要在饲料中同步配入 100～250 毫克/千克 的维生素 E，加强抗氧化能力。Solen 等(1998)的实验提示菜籽油中的多不饱和脂肪酸是导致软脂肉和货架期变短的饲料原因，需要在宰前 42 天 按 125 毫克/千克 维生素 E，加强肉的抗氧化性能。Lauridsen 等(1999)使用的配方中含菜籽油 6%、维生素 E 100～200 毫克/千克、铜 35～175 毫克/千克，结果表明，三种营养素在增进猪肉的抗氧化能力方面有一定的互作效应，该配方可以改善肉的系水力，并提高游离脂肪酸的含量，同时降低肌糖原含量，这对改进肉的风味有积极意义。

共轭亚油酸(CLA)。具有多种代谢效应，如降低脂肪沉积，提高脂肪饱和程度，调节免疫功能，抑制癌症，降低血脂。CLA 可降低猪体脂沉积，提高瘦肉率，增加脂肪硬度，改进肉色 L *（亮度）、a *（红度）、b *（黄度）值，并改善货架期抗氧化能力（Waylan 等，2002）。Waylan 等（2002）用 0.75% CLA 饲粮显著改进了料重比、眼肌面积、大理石纹和坚实度，并显著减少了膘厚。Lee 等（1999）用 2.5%～5%CLA 的饲粮处理宰前 4 周的肥育猪，发现处理组猪肉的抗氧化能力增强。

④*增加维生素 E 和核黄素的含量*　维生素 E 是生物膜的主要抗氧化剂，可维持细胞膜的完整性，能抑制磷脂酶 A2 的活性，从而阻断脂质过氧化。并且维生素 E 能有效抑制鲜猪肉中高铁血红蛋白的形成，增加氧合血红蛋白的稳定性，从而延长鲜肉理想肉色的保存时间。高维生素 E 饲粮可以使猪肉肉色保鲜延长和系水力加强（Monahan 等，1993）。Corine 等（1999）发现 300 毫克/千克 浓度的维生素 E 饲料喂猪 40 天可使肌肉中的维生素 E 含量达到峰值（8.4 微克/克）。对 120～160 千克的重型肥育猪最后 60 天补充维生素 E（50～300 毫克/千克）可以改进屠宰率，减少脂类氧化并增加肉中维生素 E 含量。

核黄素是氨基酸代谢和脂肪代谢的必需成分，它对肉质有潜在影响。Glaton（2001）研究显示蛋白质沉积所需的核黄素比沉积脂肪所需量要多 6 倍。这就要求在宰前配方中要增加核黄素添加量。

⑤*注意镁、铁、铬、硒、铜等矿物元素的水平*　镁可以降低肌肉的糖酵解速度，提高终点 pH，增加系水力，降低 PSE 的发生率，镁与脂质过氧化关系密切，有对抗自由基过氧化损伤的作用。近期研究显示饲粮中添加镁可以改善肉质，但添加

剂量和添加时间长短不一，其关键取决于血液中镁的提高程度。DSouza(2002)的研究认为，血液中镁至少应提高10%才有效。达到此水平的镁添加量取决于化合物种类，对有机镁(天冬氨酸镁或富马酸镁)，屠宰前需连续5天在饲粮中添加1克元素镁/千克饲粮(Van laack，1999)；而对七水硫酸镁，添加量需要2克元素镁/千克饲粮。Hamilton等(2002)在宰前2～5天(125千克母猪和阉猪)的配方中按1.22%比例加入七水硫酸镁也达到了加深肉色和减少滴水损失的预期效果。笔者所在试验组在屠宰前8天按9克七水硫酸镁/(头·日)添加于饲粮，发现眼肌pH显著提高，丙二醛(MDA)含量显著降低。肉色、滴水损失、水浴损失、拿破率等均有改善趋势。

铁是血红蛋白和肌红蛋白的重要组成部分，对肉色的形成有决定性作用，同时铁还是机体抗氧化系统过氧化氢酶的辅助因子，对防止脂类氧化保持肉味有重要作用。但Miller等(1994)研究发现，饲粮中铁达200毫克/千克时，可显著增加非血红素铁和脂类过氧化物产物含量，且脂类过氧化物产物与非血红素铁显著相关。因此应控制宰前配方中铁的添加。

铬作为葡萄糖耐量因子(GTF)的成分，能提高胰岛素的活性，进而影响碳水化合物、脂类和蛋白质代谢。铬能促进生长激素基因的表达，提高猪的瘦肉率、日增重和饲料转化率，降低胴体脂肪。猪饲粮中添加有机铬可以改善生产性能和瘦肉率，但对肉质的作用报道不一，Mooney等早期(1997)认为加铬有改进胴体的效果，但其后期重复实验效果却不显著。陈代文(2002)在猪生产期添加200微克/千克的酵母铬也发现其对生产性能，屠宰性能指标和肉质参数无明显影响。

硒参与谷胱甘肽过氧化物酶的合成，是生物膜的抗氧化剂，对保证细胞膜的完整性起着非常重要的作用。补硒可大大降低机体内脂质过氧化产物丙二醛（MDA）的含量。Munoz(1997）报道，在生长猪饲粮中添加 0.1 毫克/千克有机硒并同时添加一定量的维生素 E 和维生素 C，能够显著降低滴水损失，改善肉的嫩度。

高铜（125～250 毫克/千克）是猪生产上广泛应用的生长促进剂。但高铜对猪肉质有不良影响，高铜饲粮可以增加体内脱饱和酶的活性，使猪体脂变软。但李永义等（2002）在生长肥育猪中添加 250 毫克铜/千克时发现有改善猪的生产性能，提高肌体眼肌面积的趋势，且添加铜对鲜肉和冷存肉的品质无明显不良影响，但有降低维生素 E 作用效果的趋势。

⑥添加甜菜碱　添加甜菜碱可通过自身代谢循环促进胆碱的合成，进而促进磷脂类物质的生成，完善与脂蛋白合成有关的细胞内膜的形成，使甘油三酯迁移速度加快。并且为机体内一些脂肪代谢有关的物质提供甲基，从而改善细胞内游离脂肪氧化过程。Smith 等（1994）的实验发现，甜菜碱可以增加瘦肉产量减少背膘，Matthew（2001）的实验再次验证了含 0.25% 甜菜碱饲料可以在不影响料肉比的情况下减少背膘增加日增重和后腿比例，改善肉色，减少水浴损失，提高肉的 pH 等。许梓荣等（1998）研究了甜菜碱对不同生长阶段杜长大胴体组成的影响，结果表明在饲粮中添加 1 000 毫克/千克、1 250 毫克/千克、1 500 毫克/千克和 1750 毫克/千克 甜菜碱均能显著提高肥育猪的胴体瘦肉率和眼肌面积，并能显著降低背膘厚。

87. 检测猪饲料原料和产品有何重要意义？有哪些检测方法和手段？

(1)检测猪饲料原料和产品的意义 猪常用的原料有几十种，每种原料因产地、品种、加工、贮藏方法等不同而变异很大，因此，保证饲料原料的质量、稳定、价格合理非常重要。配合饲料产品包括全价料、浓缩料、预混料，是成分复杂的混合物，所以，不通过检验，就无法判断其质量和安全性。

(2)猪饲料原料和产品检验的基本方法

①感官鉴定 就是通过感官来鉴定产品的形状、色泽、质地、气味、味道、水分含量等，是饲料原料和产品检验的常用方法。各类饲料原料和加工成品的感官指标要求基本一致，合格的原料和产品要求色泽一致、混合均匀、粒度整齐、无杂质、无异味、质地疏松、水分含量低。感官鉴定主要凭经验进行，可以初步判断饲料原料和产品的质量和加工工艺是否正确。

②定性检验 即通过点滴试验和快速试验来定性检查饲料原料和产品中是否含有某些违禁药物、是否含有配方中没有的成分、是否含有某种饲料等。该法可弥补感官鉴定的不足，为定量检验提供参考。

③定量检验 即通过物理、化学等方法，借助各种仪器设备对饲料原料和产品中某种成分进行定量检验，测定其含量，由于可对含量进行比较，因而是判断饲料原料和产品的质量及安全性的主要方法和依据。

④生物检验 饲料原料和产品的质量及安全性的最终评判依据是动物的饲喂效果和畜产品的食用安全。在某些情况下，有必要进行动物饲养试验或生物安全试验。其是检测饲

料产品质量最为可靠的方法。

(3)主要指标的检测

一是，饲料原料和产品常规指标的检验。包括感官指标、水分、粗蛋白质、粗脂肪、粗纤维、粗灰分、钙、总磷、水溶性氯化物、混合均匀度、成品粒度等，均有相应的国家检测方法标准。

二是，氨基酸、微量元素和维生素的测定。

三是，饲料原料和产品安全指标的检验。包括：天然有毒有害物质（如异硫氰酸酯、噁唑烷硫酮、游离棉酚、亚硝酸盐含量）、霉菌与霉菌总数（霉菌总数、黄曲霉毒素 B_1）、病原菌的检验（沙门氏菌、细菌总数）、外源性天然有毒有害物质（如总砷、铅、氟、汞、镉等）、违禁药物和加药饲料中药物的检验（如盐酸克伦特罗、己烯雌酚、金霉素、喹乙醇等）。

四、猪的饲养管理

88. 猪有哪些生物学特点?

(1)繁殖率高,世代间隔短 猪性成熟早,一般4～5个月,6～8个月即可初配。四季发情,多胎高产,妊娠期平均为114天,母猪的利用年限一般为5～6年。

猪是长年发情的多胎动物,1年可分娩2胎,如果缩短哺乳期,母猪进行激素处理,可以2年5胎,甚至1年3胎。经产母猪平均1胎产仔10头左右,高的窝产仔猪达20头左右。

(2)食性广,饲料报酬高 猪虽属单胃动物,但具有杂食性,既能吃植物性饲料,又能吃动物性饲料,因此饲料来源广泛。但对食物具有选择性,能辨别口味,特别喜欢甜食。

猪的采食量大,但很少过饱,消化极快,能消化大量的饲料,以满足生长发育的需要。对饲料中的能量和蛋白质利用率高,但对粗饲料中粗纤维消化较差,而且饲料中粗纤维含量过高对饲料中其他营养物质的消化也有影响。所以饲料中不宜添加过多的粗饲料。

(3)沉积脂肪能力强,生长期短,出栏早 猪的生长发育很快,生后6月龄,体重平均在80千克即可上市提供肉食。一般每增重1千克需3～4千克精料。

(4)适应性广泛 猪的适应能力很强,表现在地理分布广泛。

(5)喜清洁,易调教 猪是爱清洁的动物,采食、睡眠和排粪尿都有特定的位置,一般喜欢在清洁干燥的地方躺卧,在墙脚潮湿有粪便气味处排粪便。

猪属平衡灵活的神经类型，易于调教。在生产实践中可利用猪的这一特性，建立有利的条件反射，如通过短期训练，可使猪在固定地点排粪便等。

(6)定居漫游，群居位次明显 猪喜群居，同一小群或同窝仔猪间能和睦相处，但不同窝群的猪合在一起，就会相互撕咬，并按来源分小群躺卧，几日后才能形成一个有次序的群体。在猪群内，不论群体大小，都会按体质强弱建立明显的位次关系，体质好、战斗力强的排在前面，稍弱的排在后面，依次形成固定的位次关系，所以排序一旦确定，不要随意调换。

89. 公猪如何调教？

做好种公猪的调教及采精工作，对充分发挥优质种公猪的生产性能，降低养猪成本，提高养猪的经济效益都十分有益。公猪的营养饲喂和健康是生产优质精液的基本条件，保证种公猪的营养平衡，适当饲喂青绿饲料、胡萝卜补充维生素，保持体型不过肥或偏瘦，适量运动、调节情绪，保证健康体况。

(1)调教时间 后备公猪6～7月龄时达到性成熟，此时仍存留小猪的活泼好动和对事物的新奇感，可在此时着手进行调教，以玩耍的方式吸引其爬假台猪，较7月龄后再调教成功率提高；每次调教公猪时间不宜太长，一般在15～20分钟为最佳，时间过久易造成公猪厌恶，不利于日后调教和管理。

(2)调教环境 调教或采精室内应整洁、干净，物品以最少为宜，颜色简约无亮丽色彩，减少公猪因其他物品分散注意力；室内尽量保持安静或者播放舒缓音乐，使公猪精神放松，不致因恐慌、害怕影响调教效果；假台猪不能太滑，要有供公猪前肢搭放的侧蹬，辅助其稳定不滑下，同时假台猪前准备胶皮垫避免地面湿滑，公猪后肢站立不稳，影响其情绪。

(3)调教人员 在公猪调教过程中，参与人员不宜过多，一般1～2人为最佳，副调教员辅助主调教员的器物接拿和公猪的引导；调教人员要经常与猪沟通、了解习性，善待公猪，使之有亲近感，可大大提高调教成功率；另外对自己和对被调教公猪有信心、有耐心、不放弃。

(4)调教方法

调教前首先做好假台猪。假台猪是模仿母猪的大致轮廓，以木质支架为基础制成的。要求牢固、光滑、柔软，高低适中，方便实用，对外形要求不严格。一般用直径20厘米、长110～120厘米的圆木，两端削成弧形，装上腿，埋入地中固定。在木头上铺一层稻草或草袋子，再覆盖一张猪皮，组装好的假母猪后躯高55～65厘米，呈前低后高，高度相差10厘米。

调教方法一，在假母猪后躯涂抹发情母猪的尿液或其阴道黏液，公猪嗅其气味会引起性欲并爬跨假母猪，一般经几次采精后即可成功。若公猪无性欲表现，不爬跨时，可马上赶一头发情旺盛的母猪到假母猪旁边，然后再赶走，让公猪重新爬跨假母猪而采精，一般都能训练成功。

调教方法二，在假母猪旁边放一头发情母猪，两者都盖上麻袋，并在假母猪身上涂以发情母猪的尿液。先让公猪爬发情母猪，但不让交配，而把其拉下来，这样爬上去，拉下来，反复多次，待公猪性欲高度旺盛时，迅速赶走母猪，诱其爬假母猪采精。调教方法三，让公猪旁观另一头已训练好的公猪爬跨假母猪，然后诱其爬跨。激素处理法，使用甲睾酮、丙睾酮等激素增强性欲。按摩法，公猪进入采精室后采精员按摩公猪腹部、阴茎、阴囊等处，以接触刺激提高性欲，此方法为辅助采精。

(5)调教过程 选择调教公猪时首先选择性情开朗活泼好动的小公猪，较易调教成功，增强调教员的信心；人和猪的交流，首先消除公猪对环境、人等因素的担忧；用肘部顶住猪下颌使其头部稍抬起，视线上移，高度以可视假台猪为宜；公猪爬上台猪快速准备采精器皿；公猪采精结束后不宜立即将其赶出，可让其在采精室逗留 1～3 分钟；调教和采精过程中要保证人和猪安全。

90. 如何刺激母猪发情?

在养猪生产中，掌握好母猪的发情，适时配种是提高母猪高产的重要保证。为使母猪达到多胎高产，促使不发情母猪或屡配不孕的母猪正诱情，在加强饲养管理的基础上，可采取措施促进发情，促进母猪发情的方法如下。

(1)公猪诱情 用试情的公猪追逐久不发情的母猪，或把公、母猪关在同一圈内，使母猪经常接触公猪，由于公猪的爬跨和分泌带腥味的外激素刺激，经神经传导，可促进母猪脑垂体产生促卵泡成熟激素，从而诱发母猪发情排卵。

(2)换圈加强运动 将长期不发情的母猪调到其他圈舍，使其与正在发情的母猪合圈饲养，通过发情母猪的爬跨可促进未发情的母猪发情排卵，另外加强运动也有利于母猪的发情。

(3)按摩乳房 能刺激乳腺的发育，促进分泌黄体生成素，兴奋母猪的性活动，促进发情和排卵。每天早饲后进行乳房表层按摩，方法是使母猪侧卧用手掌由前往后有力地反复按摩，主要摩擦乳头和乳房的皮肤。

(4)尿液刺激　每天早上在母猪舍播放公猪叫声录音，同时用公猪尿液和多余精液或合成外激素喷洒于母猪鼻上可促进发情。

(5)激素催情　孕马血清中含有大量的胎盘生殖腺激素，可促进母猪发情和排卵，对不发情母猪皮下注射孕马血清5～20 毫升，连用 3 次，4～5 天可发情配种。

对产后不发情的母猪肌内注射绒毛膜促性腺激素，每头猪 800～1 000 单位，3～4 天可发情。

对于卵巢功能正常而发情不明显的母猪，取乙烯雌酚5～10 毫升给母猪 1 次注射，注射后 1～3 天母猪可发情排卵。

0.1%盐酸肾上腺素 2 毫升和 2%硝酸毛果云香碱 2 毫升充分混合，于猪耳皮下注射，每天 1 次连用 3 天。三合激素，取 2～3 支 1 次肌内注射，2～4 天可发情排卵。

(6)中草药催情

方 1。淫羊藿 60 克，益母草 40 克，党参 40 克，黄芪 40 克，加水煎汁灌服每天 1 剂，连用 3 剂。

方 2。当归 40 克，官桂 20 克，阳起石 40 克，元参 25 克，杜仲、茴香各 25 克，熟地 25 克，将药研末拌入饲料内让猪自食。

(7)仔猪提前断奶　为减轻母猪负担，将仔猪提前断奶，母猪可提前发情。工厂化养猪一般将哺乳期缩短至 28 天或更短，传统法养猪业应将断奶日龄缩至 40 天。

(8)药物冲洗　由于子宫炎引起的配后不孕，可在发情前 1～2 天，用 1%的食盐水或 1%高锰酸钾，或 1%的雷夫奴尔冲洗子宫，再用 1 克金霉素(或四环素、土霉素)加 100 毫升蒸馏水注入子宫，隔 1～3 天再进行 1 次，同时口服或注射磺胺类药物或抗生素，可获良好效果。

(9)改善饲养管理,调整膘情 对于后备母猪,配种前可进行短期优饲,确定好配种时间,前10～14天实行。

91. 如何搞好母猪发情鉴定?

我国地方品种猪繁殖力强,除了品种的高品系外,还与其发情明显、容易观察、能适时配种有密切关系。集约化猪场饲养的品种多为大约克、长白和杜洛克。它们的发情表现不如本地品种明显,母猪发情后采食正常,不跳圈,不鸣叫,阴户变化不明显,因此常常错过配种时机,导致母猪受胎率降低或长期空怀。鉴定后备母猪的初次发情常常很困难,因为它们往往不表现出明显特征。

做好母猪发情鉴定工作,对做好猪的适时输精,提高受胎率和产仔数都十分有益。青年母猪6～7月龄时开始表现发情行为。为了提高母猪的窝产仔数,建议跳过其第一次发情,到母猪第二次发情时再输精或者配种。大多数情况下,初产母猪在给仔猪断奶后10天开始第三次发情。

鉴定外来猪发情一要仔细,二要1日2次坚持不懈,成年健康的经产母猪通常在给仔猪断奶后4～7天发情。发情母猪的外阴部开始轻度充血红肿,逐渐变得明显,阴户内黏膜的颜色由粉红转为深红,有爬跨其他母猪的表现,也任其他母猪爬跨,这是母猪发情的最基本表现。当饲养员用力压母猪背部,母猪呆立不动(又称呆立反应),则说明母猪已进入发情旺期,最适合输精。在集约化大型养猪场,可让试情公猪在母猪舍走廊上走动,与受检母猪接触、沟通,发现有发情表现时,饲养员再进入母猪栏内,逐头进行压背检查,以判定发情程度,决定是否输精,还可通过阴门察看内部颜色变化或黏液的稀薄和黏度等判断发情。

(1)发情症状

①发情前期　阴户逐步变红肿胀,阴道流出水样黏液、母猪不安、减食、东张西望、早起晚睡、爬跨、手压背部无静立反应、喜欢接近公猪但不接受配种。

②发情期(适配期)　母猪接受性要求(配种)的时期。一是,母猪阴户肿胀皱缩,黏液变浓呈淡白色;二是,母猪有瞪眼、翘尾、竖耳、排尿、背部僵硬、发呆等外部表现;三是,接受公猪爬跨、手压背部和骑背静立不动,卵泡发育成熟并排卵,是配种的适宜时期。

③发情后期　阴户肿胀逐渐消失,性欲减退,拒绝交配。

(2)常用的发情鉴定方法

①外部观察法　母猪发情时极为敏感,一有动静马上抬头,竖耳静听。平时吃饱后爱睡觉的母猪,发情后常在圈内来回走动,或常站在圈门口。另外,外来母猪在非发情期,阴户不肿胀,阴唇紧闭,中缝像一条直线。若阴唇松弛,闭合不严,中缝弯曲,阴唇颜色变深,黏液量较多,即可判断为发情。

②公猪试情法　把公猪赶到母猪圈内,如母猪拒绝公猪爬跨,证明母猪未发情;如主动接近公猪,接受公猪爬跨,证明母猪正在发情。

③母猪试情法　把其他母猪或肥育猪赶到母猪舍内,如果母猪爬跨其他猪,说明正在发情;如果不爬跨其他母猪或拒绝其他猪入圈,则没有发情。

④人工试情法　通常未发情母猪会躲避人的接近和用手或器械触摸其阴部。如果母猪不躲避人的接近,用手按压母猪后躯时,表现静立不动并用力支撑,用手或器械接触其外阴部也不躲闪,说明母猪正在发情,应及时配种。

92. 空怀母猪如何饲养管理?

母猪从仔猪断奶到妊娠这段时间称为空怀期,也称配种准备期。

(1)空怀母猪的管理 刚刚断奶的母猪,要强、弱分栏,防止以强欺弱,以大欺小,必须现场监护防止咬伤,造成不必要的损失。

及时发现发情母猪,并配合配种员做好配种工作。

空怀母猪以及妊娠后1个月期间,由于需要恢复和弥补产仔期身体的损耗,迅速复壮,多排卵为配准多产仔打好基础。最好喂饲哺乳母猪料,日喂2~3次,平均3千克。对刚刚断奶的母猪,为防止乳房炎要适当减料,当乳房收缩出现皱折时再开始加料。要求猪群达到膘情一致,肥的少喂,瘦的多喂,保证八成膘。

(2)空怀母猪的饲养 空怀母猪需要营养物质全面,特别是蛋白质、维生素A、维生素D、维生素E和钙、磷及食盐等矿物质。维生素A、维生素D、维生素E对母猪的繁殖性能很重要。日粮中维生素A供应不足,会降低性功能活动,常引起不妊娠或延迟发情。因此,空怀母猪应供给青绿饲料、胡萝卜、黄玉米、南瓜等富含维生素A的饲料。维生素D缺乏时,则影响钙、磷的吸收,使体内的代谢紊乱,对母猪的繁殖性能影响更大。如维生素E缺乏时,会引起不孕症。空怀母猪对钙的缺乏很敏感,表现为不易受胎,产仔数减少。空怀母猪的日粮组成以青绿多汁饲料为主,一般每头猪每天喂青绿饲料5~10千克或多汁饲料4~5千克,并加入少量精料。这样,能保持母猪的繁殖体况,从而增加排卵量,提高受胎率。

93. 猪的配种需注意哪些事项?

(1)公猪配种时应注意的事项

①配种时间应在采食后2小时以外较好,夏季炎热天气应在早上和下午18时以后进行;冬季应在中午进行。

②配种场地应距离另外的公猪较远,地面平坦,但不滑,以免滑倒。

③配种时要保持环境安静,不要大喊或鞭打公猪、母猪。

④交配后用手轻按母猪中腰部位,防治精液倒流引起空怀或返情。

⑤下雨或风雪天气应在室内交配。

⑥公猪交配后不要立即洗澡、喂冷水或在阴冷潮湿的地方躺卧,以免受凉得病。

⑦本交时应注意保持公、母猪比例,一般以1∶20～25的比例为宜。

⑧使用频率:青年公猪4～5次/周,老年公猪3次/周交配使用。

⑨在配种季节开始前1个月,对公猪应逐渐提高营养水平,配种季节保持较高的营养水平,配种季节过后,逐渐降低营养水平。

⑩饲料与饲喂技术。饲喂公猪应定时定量,每次不要喂得过饱,体积不宜过大,应以精料为主,宜采用生干料或湿料,加喂适量的青绿多汁饲料,供给充足清洁的饮水。

⑪公猪采食后半小时内不宜配种。刚采食完的公猪腹内充满食物,行动不便,影响配种质量,配种时劳动强度很大,体力消耗较多,影响食物消化,也容易引起消化疾病。

⑫适当运动。适度运动可促进代谢,增强公猪的体质,提

高精子活力，有条件的猪场，可进行驱赶运动，每天上、下午各一次，也可自由运动，在建猪舍时设运动场，使公猪在户外进行运动和阳光浴。

(2)给母猪配种时应注意的事项

①避开公、母猪血缘，防止近亲交配。近交会产生退化，使产仔数减少，死胎、畸形胎大量增多，即使产下活的仔猪，也往往体质不强，生长缓慢。

②公、母猪体格不能差别太大。公猪体格过大，易使母猪腿部受伤。如果公猪过小，母猪太高大，则不能使配种顺利进行。

③选择合适的时间配种。夏季中午太热，配种应在早、晚进行。冬天清早太冷，则应适当延后，一般在中午进行。

④配种场地不宜太滑。太光滑地面，再加上交配时流出的精液等洒在地上，特别容易使公、母猪滑倒。

配种时一定要注意以上的几方面，才能保证配种的成功率、质量。

94. 什么是猪的本交？什么是猪的人工授精？

(1)猪的本交　本交就是使公、母猪直接交配，分为自由交配和人工辅助交配。自由交配即公猪和母猪直接交配；人工辅助交配则是先把母猪赶入交配地点，然后将公猪赶进，待公猪爬跨母猪时，配种员将母猪尾巴拉向一侧，使阴茎顺利插入阴道内。

(2)猪的人工授精　是指使用器械采集公猪的精液，再用器械把经过检查和处理后的精液输入母猪生殖道内，以代替公、母猪自然交配而繁殖后代的一种繁殖技术。

95. 如何搞好猪的本交?

种猪场,为了保持正常的血缘关系,本交方式仍然被广泛使用。

本交时应注意的事项如下。

(1)要注意公、母猪的选择 应尽量地避开血缘关系以免造成近交衰退。

(2)配种时间 夏季选择清晨或下午等较凉爽时配种;冬季选择在中午阳光较好时进行,配种应在采食后 2 小时配种较好。

(3)配种环境 配种地点尽量远离猪多、人多的地方,或者赶猪至安静的空地上,地面平坦不滑,不要大喊或对其鞭打、脚踢。

(4)配种时机 待配母猪能安定地接受爬跨;或阴户由鲜红变为暗紫、由肿胀变为稍皱缩;或配种员用手按压猪后躯,其站立不动,都是适宜的配种时机,可以提高受胎率。

(5)公猪选择 选择性欲好、精液品质好的种公猪,排除营养、疾病问题的猪,做好精液品质的检查,包括精子密度和活力。

(6)选择体格 挑选大小适中的公、母猪进行交配。

(7)人工辅助交配 待公猪自然爬跨母猪后,要人工辅助从侧面牵拉母猪尾巴,避免造成伤害或体外射精;同时辅助抬起公猪两腿,防止公、母猪滑倒。当公猪多次努责而阴茎不能顺利进入母猪阴道时,可用手握住公猪包皮引导阴茎插入母猪阴道。交配后,用手轻压母猪腰部,以免母猪拱腰而使精液外流。

(8)配种频率及比例 青年公猪每周 4～5 次,老年公猪每周 3 次，一般隔 12 小时后再复配 1 次，以增加妊娠几率。本交配种时公、母猪比例要适当，一般在 1∶25 左右合适。

(9)配种后的护理 配种后的种猪体力消耗较大，需要精心护理，不能立即洗澡、冲凉；同时注意补充营养。可在配种前后加强种公猪的营养。

(10)配种记录 配种完毕，要及时登记配种公猪和母猪的耳号及配种日期，以推测预产期和登记后代血统。

(11)配种后的复查 配种后 20 天左右观察母猪是否有发情表现，若没有妊娠，则抓住下一次发情期再次配种。

96. 如何做好猪的人工授精?

在养猪生产中应用人工授精技术是提高猪生产水平的重要措施，是一种先进的配种技术，采用这种先进的技术，不仅能充分利用优良种猪，加速猪群改良，而且还能大大减少种公猪的饲养数量，从而降低饲养成本，有效控制由于公、母猪直接接触而传播的疾病。要做好人工授精，需注意以下几个方面：

(1) 确保精液质量

①选择繁殖力高的优良种公猪 观察公猪体型外貌，选择“头颈较细，胸宽深，体躯要长，腹部平直，肩部和臀部发达，肌肉丰满，骨骼粗壮，四肢有力，体质强健，符合本品种特征”的公猪。

繁殖性能要强，要求生殖器官发育正常，精液品质优良，性欲良好，配种能力强。

生长肥育快，胴体性能好。一般瘦肉型公猪体重达 100 千克的日龄在 175 天以下。耗料少，料肉比小于 3∶1，且背膘薄。

公猪的年龄，应该选择或购买6～7月龄的公猪，但开始使用的最小年龄必须达8月龄。大部分的公猪要到7月龄时才能达到性成熟，实际中有很多的公猪由于外表看起来够大就被使用，其实它们还年轻。所有的更新公猪应该在配种季节开始前至少60天就购入，这样就有充分的时间隔离检查其健康状况、适应猪场环境、训练配种或评定其繁殖性能。

②采精　采精时，先用0.1%高锰酸钾溶液擦洗公猪阴茎外围，人站在猪的左侧，手洗净消毒，左手拿消过毒的集精杯，瓶口覆盖6～8层消毒好的纱布，当公猪爬跨伸出阴茎时，用右手握捏住阴茎前端，固定阴茎不能来回抽动，压力适中，并作轻微频频握捏，使之有节奏的快感。公猪射精时，用集精杯通过纱布收集精液，弃去纱布上的胶状物，待公猪射精完毕后，公猪自然收回阴茎，将公猪赶回休息。精液采好后需进行精液品质检查，活力不低于0.7，畸形率在18%以下可以进行稀释。稀释液配方：葡萄糖37克，柠檬酸钠6克，乙二胺四乙酸1克，磷酸氢钠1.25克，氯化钾0.75克，加蒸馏水至1 000毫升溶解，然后经6～8层纱布过滤，分装在2个盐水瓶中，经高压蒸汽消毒后备用。精液与稀释液的配比为1∶1～4，按100毫升稀释液中加青、链霉素各10万单位，分装在消毒过的小瓶内，贴上标签，保存在8℃～25℃室温中备用。夏季可将精液瓶悬挂在水井里保存，一般可保存3天，经镜检，精子活力在0.6以上即可输精，不合格的精液坚决不用。

③精液的保存　精子在超低保存或稀释后，都会随时间的延长而使受精能力降低。因此，稀释后的精液应缩短保存时间，一般不宜超过24小时。采用稀释精液输精，须采取措施使温度在25℃～35℃，直到输精完毕。稀释浓度不能太低，一般要求每毫升含精子数1亿～3.67亿个。

④环境温度　高温环境对精液产生具有迅速、严重而持久的危害作用。精子生成适宜的最高温度及最长接触时间为30℃和72小时，公猪对长时间、通常不会导致应激的温度(26℃～29℃)也是敏感的，保存的最适宜温度为15℃～25℃。

(2)适时授精　猪排卵后，要求有足够的精子能够到达受精部位。若排卵或输精后，不能及时完成授精过程，随着时间的延长，卵子或精子的结合能力就会降低。因此，做好发情鉴定、适时授精至关重要。母猪发情时一般表现为食欲减退，鸣叫不安，跳栏，外阴充血，红肿，流出黏液，频频排尿，触摸背部举尾不动。发情持续时间为24～48小时，排卵发生在发情开始后24～36小时，而适时配种时间应在发情后19～30小时。另外，对不同年龄的猪配种时间也不尽相同。据观察，经产母猪发情期一般为3天，第二天下午输精为最佳时间。从母猪阴道黏膜颜色及分泌液的变化来看，当发情母猪阴道皱褶，黏膜颜色由红色变略带紫色，分泌液呈透明丝状，用手按压其臀部，站立不动，为输精最佳时间，母猪发情多数在傍晚排卵，20～23时输精受胎率高，产仔数多，健壮。一般为老配早，小配晚，不老不小配中间。

(3)严格按照输精操作规程操作　输精是人工授精最后一个技术环节，关系到母猪能否获得较高的受胎率。因此，必须做好输精前的各种准备工作。

一是，严格消毒所有输精器械。

二是，所输精液的活力在0.6级以上。

三是，用0.1%高锰酸钾溶液清洗母猪外阴，以免因输精而引起母猪生殖道疾病。

四是，猪是多胎动物，整个排卵过程的完成需要一定的时间，多次输精往往可以提高受胎率。试验结果表明，每个情期输精2～3次比输精1次好，这关系到配种员的工作量，因而在保证受胎的前提下，应尽量减少输精次数。所以在生产中，提倡以2次输精为主，在开始发情高潮后24小时输精，有效精子数要保证在10亿～20亿个，间隔8～12小时后，再输1次。母猪每次输精量60毫升，总精子数20亿，就可以获得比较理想的受胎率。对于那些第二次输精24小时后仍安定的母猪则可以进行第三次输精。输精次数多于4次，未见提高受胎率，反而使配后母猪阴道分泌物流出时间延长，容易造成子宫环境的污染。

五是，输精时不要强行压入，用手按摩母猪外阴部，用左手指掰开阴唇，右手持输精管以35°～45°角向上插入阴道中，要注意避开尿道。缓慢旋转前进，约插入18～20厘米，要在子宫收缩松弛时输入精液。注入精液时速度要慢，约需10分钟左右，输精完毕后不要立即拔出输精管，最好留置于生殖道内一段时间让它自行脱落防止精液倒流。输完后慢慢取出输精管，用手压母猪背腰部片刻，或用手轻重适中地拍打母猪背腰部3～4次，以防精液倒流。避免精液倒流是提高受胎率和产仔数的重要措施，为了避免倒流，可以使用橡胶仿真螺旋头输精管，它能增加输精深度，输精前精液和输精管都升温到35℃，防止母猪生殖道受凉收缩，使精液倒流。

97. 怎样进行猪预产期的推算?

母猪妊娠后，养猪者要准确地推算出母猪的预产期，这样，可以有效地提高母猪产仔成活率，增加经济效益。有的农户在养猪时，有时不知道它的预产期，而到临产时因事先没有准备而手忙脚乱，有的甚至造成仔猪的死亡。

母猪的妊娠期平均为114天(110～118天)。其预产期的推算有 2 种方法，一是“3、3、3”法，即从母猪配种之日算起，向后推 3 个月加 3 星期加 3 天，即为预产日期；例如 1 头母猪 5 月 25 日配种妊娠，预产期为 5＋3＝8 月，25 天＋3 周×7 天＋3 天＝49 天，30 天为 1 个月，故为 9 月 19 日产仔；另一种是用配种的月份加 4，日减 6。例如 1 头母猪是 5 月 10 日配种的，其预产期为 5＋4，10－6 日，即 9 月 4 日产仔。

98. 如何进行猪的妊娠鉴定？

判断配种母猪妊娠与否，对养猪生产有特别重要的意义。如果能早期判断母猪已经受孕，可按妊娠母猪进行饲养管理，如未受孕要采取措施，促使母猪再次发情配种，防止成空怀母猪，造成饲料浪费。

母猪妊娠日期平均为 114 天，根据判定妊娠日期的迟早可分为早期、中期、后期。

(1)早期诊断

方法一，外部观察法：一般来说，母猪配种后，经过一个发情周期而没有发情，基本上认为母猪已经妊娠，主要表现：“疲倦贪睡不想动，性情温顺动作稳，食欲增加上膘快，皮毛发亮紧贴身，尾巴下垂很自然，阴户缩成一条线”。但配种后不发情不一定是妊娠，有时还需进一步检查。

方法二，碘化法：取母猪尿 10 毫升左右放入试管内，用比重计测定其比重(应在 1～1.025)，过浓加水稀释，然后滴入碘酒在煤气灯或酒精灯上加热。尿液将达到沸点时发生颜色变化：尿液由上到下出现红色，即表示受孕；出现淡黄色或褐绿色即表示未孕。

方法三，经产母猪配种后 3～4 天，用手轻捏母猪最后第二对乳头，发现有一根较硬的乳管，即表示已受孕。

方法四,指压法:用拇指与食指用力压捏母猪第九胸椎到第十二胸椎背中线处,如背中部指压处母猪表现凹陷反应,即表示未受孕;如指压时表现不凹陷反应,甚至稍凸起或不动,则为妊娠。

(2)中期诊断

方法一,母猪配种后 18～24 天不再发情,食欲剧增,槽内不剩料,腹部逐渐增大,表示已受孕。

方法二,用妊娠测定仪测定配种后 25～30 天的母猪,准确率高达 98%～100%。

方法三,母猪配种后 30 天乳头发黑,乳头的附着部位呈黑紫色晕轮表示已受孕。从后侧观察母猪乳头的排列状态时乳头向外开放,乳腺隆起,可作为妊娠的辅助鉴定。

(3)后期诊断 妊娠 70 天后能触摸到胎动,80 天后母猪侧卧时即可看到触打母猪腹壁的胎动,腹围显著增大,乳头变粗,乳房隆起则为母猪已受胎。

所以除了传统的方法外,还有阴道活组织检查法,诱导发情检查法,X 线透视法,超声波检测法,尿中雌激素测定法和血清沉降速度检查法等。

99. 猪的妊娠前期怎样饲养?

母猪配种后,从精卵结合到胎儿出生,这一过程称为妊娠阶段。母猪的妊娠期一般为 112～116 天,平均 114 天。在饲养管理上,妊娠母猪的饲养:根据胎儿的发育变化,常将 114 天妊娠期分为 2 个阶段,妊娠前 84 天(12 周)为妊娠前期,85 天至胎儿出生为妊娠后期。养好妊娠母猪的目的是保证胎儿的正常发育,防止流产和死胎。确保生产出头数多产、初生重大,均匀一致和健康的仔猪。并使母猪保持中上等体况,为哺育仔猪做好准备。

妊娠前期刚断奶的母猪体质瘦弱，在配种后20天内应对母猪加强营养，使母猪迅速恢复体况；也可在配种前进行“短期优饲”。这个时期也正是胎盘形成时期，妊娠前期母猪对营养的需要主要用于自身的维持生命和复膘，而胚胎需要的营养并不多，但各种营养素要平衡，最好供给全价配合饲料。自己配饲料的猪场除给母猪适当混合精料外，应注意维生素和矿物质的供给。妊娠20天后母猪体况已经恢复，而且食欲增加，代谢旺盛，在日粮中可适当增加一些青饲料，优质粗饲料和糟渣类饲料如苜蓿干草或青贮。

早期胚胎存活率受母猪妊娠早期采食量的影响。妊娠前期（第一个月）如果饲喂水平过高可降低胚胎存活率，其中配种后1～3天的胚胎死亡率最高，配种后的头24～48小时内的高水平饲喂对窝产仔数非常不利，而在妊娠头20～30天降低饲喂水平可提高胚胎存活率及窝产仔数。所以在妊娠的前期应限制采食，饲粮营养水平为：消化能12.39～12.6兆焦/千克，粗蛋白14%～15%，一般日饲喂量为1.5～2千克，青年母猪在妊娠前期每天喂1.8～2.5千克饲料，经产母猪每头喂1.6～2.3千克饲料，日喂2次，保证供给充足饮水即可。

100. 猪的妊娠中期怎样饲养?

妊娠中期，可适当降低精饲料供给，增加优质青饲料。

妊娠中期（20～80天）主要是保证胎儿生长发育正常、初产母猪有足够的营养储备并达到成熟体况或弥补经产母猪上个泌乳期的体重损失。妊娠中期的营养水平对初生仔猪肌纤维的生长及出生后的生长发育十分重要，采食量应稍有增加，妊娠中期对母猪实行严重限饲将降低仔猪出生后的生长速度。

101. 猪的妊娠后期怎样饲养？

妊娠后期胎儿发育很快，对营养的需求也增加，为了保证胎儿迅速生长的需要，产出体重大、生活力强的仔猪，就需要供给母猪较多的营养，增加精料量，减少青饲料或糟渣饲料。一般来说，不论是哪一类型的母猪，妊娠后期（90 天至产前 3 天）都需要短期优饲。一种办法是每天每头增喂 1 千克以上的混合精料。另一种办法是在原饲粮中添加动物性的油脂或植物油脂（占日粮的 5%～6%），两种方法都取得了良好的效果。妊娠后期胎儿增重最快，胎儿体重的 2/3 是在最后 1/4 期形成的，因此，应加强母猪妊娠后期的饲养管理。

与妊娠早期和中期相比，妊娠增重的主要内容（羊水和胎儿增重）在妊娠后期急剧增加。妊娠后期应保证胎儿的迅速生长、乳腺组织的正常发育以保证泌乳期有充足的泌乳量。妊娠后 1/3 阶段，日供给量在原基础上增加 0.3～0.4 千克，消化能 12.6～13.02 兆焦/千克，粗蛋白质 14%～15%，钙 0.8%～0.9%，总磷 0.72%。且期间增加饲喂水平可提高仔猪初生重和成活率。饲喂方式采取自由采食，喂量根据母猪体重大小、体况肥瘦，一般每天饲喂 3～4 千克混合饲料，1～2 千克青饲料，分 3 次饲喂，供给清洁饮水。母猪分娩前 2 周，可肌内注射维生素 A 和 E，以增强母猪体质，增强抗应激的能力。

102. 妊娠母猪如何护理？

对于妊娠母猪要加强管理，重点工作是防止流产，其次是防止过肥与过瘦。

(1)防止流产 单圈饲养,有利于定时定量饲喂,同时又避免了相互咬架和拥挤而发生流产;防止惊吓,不打冷鞭,不棒打头部和腰部,跨越污水沟和门栏要慢,防止急转弯和在光滑泥泞的道路上运动;不喂发霉变质的饲料;妊娠的中后期禁止实施强制性的打针或灌药,治疗用药时可采取口服的药物随料口服;防疫注射疫苗,要避开在妊娠中后期进行;建立健全卫生防疫制度,在母猪妊娠1个月后,可喷洒体外驱虫药预防体外寄生虫病;母猪临产前4周进行体内驱虫,首选药物左旋咪唑。夏季注意防暑。雨雪天和严寒天气应停止运动,以免受冻和滑倒,保持安静。

(2)防止过肥与过瘦 实践证明,妊娠母猪过肥要比过瘦造成的恶果更加严重。调整日喂料量,日喂料量要灵活掌握,当出现过肥或过瘦现象时,通过调整日喂料量及时解决。但要注意母猪临产前1周逐步减少喂料量,临产前3天减到原日喂料量的1/3,至分娩当天减少到0.5千克(分娩当日最好先喂0.25千克麸皮,再喂0.5千克的混合饲料);或分娩当天不喂料,产后3天逐步增加喂料量。

(3)增加运动 保持每天有一定的舍外运动可以减肥,也有利于胎儿正常生长发育,舍外运动以自由运动为主。但应注意产前3~7天应停止驱赶运动,应在舍内自由运动。

103. 如何做好猪的分娩前准备工作?

做好母猪分娩与仔猪护理工作是提高猪群整体成活率的关键性技术。分娩前的准备工作有以下三项。

(1)产房和用具准备 关键问题是消毒和保温,产房和分娩栏必须清扫和消毒,母猪进入分娩栏前首先用高压水枪把分娩栏舍及一切用具的表面冲洗干净,特别注意冲洗缝隙、角位和墙壁等容易藏污纳垢的地方，不能留有污垢。开启分娩舍全部门窗通风，待栏舍内水分完全蒸发干后，再用2%的火碱水溶液喷雾。土猪圈要将积肥起出，垫上新土，最好能用喷灯火焰消毒。土圈可用碎草铺满点燃消毒，墙壁用20%石灰乳粉刷消毒。寒冷季节产房内应有取暖设备，保证产房大环境温度不低于25℃，以25℃～26℃为宜，初生仔猪保育箱温度应为32℃左右。准备好接产用的仔猪保育箱或笼子，里面放入柔软的垫草，不要过长，以10～15厘米为宜。准备好耳号钳、5%的碘酊和0.1%的高锰酸钾等消毒药品、称重工具、母猪记录卡等。

(2)待产母猪体表的清洁消毒 根据母猪预产期推算，在产前约1周，就要把母猪赶入产栏待产，让母猪对新的环境有一个适应过程，若母猪赶入产栏后就分娩，会造成母猪精神紧张，站立不安，影响正常分娩及泌乳，并常常发生咬死和压死小猪，初产母猪的表现更为突出。母猪赶入产栏前，应将母猪的体表彻底洗刷干净，尤其是腹部、乳房、肢蹄部及后躯等部位，然后再用可载畜使用的消毒药消毒猪体，如消毒灵、菌毒净、百毒杀、来苏儿和过氧乙酸等。

(3)母猪产前护理 母猪进入分娩栏后，改喂哺乳母猪料3～4千克/(日·头)，体况适中的妊娠母猪，产前一两天，把喂料量减半或1/3，同时供给充足清洁饮水，防止母猪产后便秘、食欲不振、产后乳汁分泌过多而产生乳房炎，或因乳汁过浓而引起仔猪消化不良，母猪产前便秘，往往会引起母猪难产，发现母猪便秘时(平时要经常检查母猪排粪情况)，可在饲料中加一些具有轻泻作用的饲料如麸皮或药物。发现临产征状，停止饲喂，只喂豆饼麸皮汤。若母猪膘情不好，乳房膨胀不明显，就不要减料，还应适当增加一些富含蛋白质的催乳饲料,例如鱼粉、鸡肉粉等。产前2周,对母猪进行检查,若发现疥癣、虱子等体外寄生虫,应用2%敌百虫溶液喷雾消毒,以免传染给仔猪。产前不宜运动量过大,防止互相拥挤造成死胎和流产。

104. 猪的分娩征兆有哪些?

母猪距离产仔时间前15天左右,表现为乳房肿大(俗称“下奶缸”);前3～5天时,表现为阴户红肿,尾根两侧开始下陷(俗称“松胯”);前1～2天时,可挤出乳汁,且为透明(从前面乳头开始);前8～16小时(初产猪、本地猪种和冷天开始早)时,母猪刁草做窝(俗称“闹栏”);前6小时左右时,乳汁为乳白色;前4小时左右时,母猪每分钟呼吸90次左右(产前1天每分钟呼吸大约54次);前10～90分钟时表现为躺下、四肢伸直、阵缩间隔时间逐渐缩短;在距产仔时间为1～20分钟时,阴户流出分泌物。

总结起来即为:行动不安,起卧不定,食欲减退,衔草做窝,乳房膨胀、具有光泽、挤出奶水,频频排尿。当妊娠母猪表现出这些征兆时,一定要有人看管,时时注意母猪情况,并做好接产准备。

105. 如何做好猪的接产?

母猪产仔以躺卧方式为主,如果母猪站着产仔,可用手抚摩其腹部,使其躺卧产仔。

(1)看护 饲养员及有关人员要日夜值班看守待产母猪。

(2)消毒 接产人员应先消毒手臂和接产用具,待仔猪出生后,立即用手将其口鼻处的黏液清除,并用抹布将其周身黏液擦干净。

(3)抢救　如果发现胎儿包有胎衣,应立即撕破胎衣,再抢救仔猪。发现假死猪时,要倒提拍打仔猪的背部,或对仔猪鼻喷刺激性物质等。

(4)断脐　擦净黏液后断脐,对脐带未断的先留长些,等脐动脉不再跳动时,将脐血挤向仔猪,以留下 3 厘米长为宜,并用 2%的碘酊消毒断头处;如果脐带因自然断得过短而流血不止时,应立即用消毒的结扎线结扎脐带。

(5)喂初乳　把仔猪放入保育箱,保证仔猪温暖,出生 30 分钟后,帮助仔猪吃上初乳。

(6)断牙　仔猪出生后 12～24 小时,用消过毒的剪牙钳在齐牙根处剪除上下两侧犬齿,以防止仔猪互斗咬伤面部或咬伤母猪乳头。

(7)断尾　仔猪出生之后 24 小时内用消过毒的剪尾钳于距尾根 1/3 处剪断尾巴。

106. 如何预防猪产后无乳?

(1)加强妊娠母猪的饲养管理　在喂给妊娠母猪饲料时,要讲究卫生和保证质量,不能喂给发霉、腐败、变质、冰冻、带有毒性和强烈刺激性饲料。对膘情较差的妊娠母猪应增加喂料量。做好分娩舍的环境卫生和消毒工作,母猪必须经严格清洗消毒后才能转入分娩舍。在临产前 2 天只喂给正常料量的 60%～80%,以防止产后不食影响泌乳或发生乳房炎。分娩当天停喂饲料,只供饮水,可减少无乳综合征的发生。分娩后母猪饲喂量应逐渐增加,1 周后达到正常量。

(2)减少应激因素　母猪分娩舍要保持安静和室温相对稳定,冬天要取暖,温度在 18℃以上,夏季要防暑降温,温度不超过 30℃。母猪应于分娩前 1 周转入分娩舍,在驱赶母猪时，动作要轻，不能惊吓。应尽量避免临分娩时才将母猪转入分娩舍。防止其他牲畜、机动车干扰。

(3)母猪分娩的处理 母猪分娩时，对于用具、助产人员都要严格消毒，母猪的阴部、乳房和后躯要用0.1%高锰酸钾溶液清洗消毒。注意观察母猪分娩后胎衣是否排净。

(4)驱虫和药物预防 由于寄生虫的蠕虫感染，可引起母猪泌乳下降和仔猪腹泻，因此必须在母猪分娩前2周使用广谱驱虫药剂进行1次驱虫。

(5)提高哺乳期的营养水平 哺乳期母猪的日粮，应使用质量高、适口性好的哺乳母猪料。要求蛋白质水平在16%～18%、可消化能每千克12.97兆焦以上、赖氨酸0.95%，母猪妊娠70天以后，可在饲料中添加0.2%的生物活性肽直至仔猪断奶，有促进母猪泌乳及提高断奶仔猪窝重的作用。

在母猪分娩前2周左右，肌内注射亚硒酸钠每头40毫克，在母猪分娩后48小时内，肌内注射氯前列烯醇每头2毫升，能促进母猪泌乳，并能缩短断奶与发情间隔。

107. 分娩前后猪如何饲养？

春季是母猪分娩的旺季，最容易出问题的阶段是分娩前后。在这段时间里如果对母猪饲养和护理得不好，常会造成仔猪和母猪的死亡。为此，现将母猪分娩前后的饲养要求介绍如下。

(1)分娩前的饲养 主要是母猪分娩前5～7天的饲养，要根据母猪的体况和乳房发育情况来决定。

母猪在妊娠后期，胎儿在母体内迅速增大，需要大量的营养物质。因此，要实行多餐少喂，逐步减少粗料的喂量，缩小饲料体积，并根据母猪的膘情，适当增加精料。这样，可防止母猪胃肠道的体积过大而压迫胎儿，造成难产或死胎。同时也能使胎儿得到足够的营养。在临产前3～4天，要根据母猪吃食的情况再减少饲料喂量，喂给易于消化的饲料（如麸皮等），使母猪大便通畅，以利分娩，并防止母猪产后大便秘结或乳汁过浓而造成仔猪腹泻。对于体况好的母猪，产前应减少饲料的喂给量，每日喂料量应按妊娠后期每日喂料量的10%～20%比例递减，到分娩前2～3天，喂料量可以减少到平时喂料量的1/3或1/2，在分娩的当天不喂料，保证充足饮水，可喂适量麦麸水，防止便秘和产后不食。若饲喂料量太多，母猪产后食欲受到影响，影响泌乳；对于体况较差的瘦弱母猪，乳房发育及膨胀程度小，在分娩前不但不能减少饲料喂量，还应增加优质饲料的饲喂量，特别是增加富含高质量蛋白质的饲料（如豆饼、豆粉等）和富含维生素的饲料。对于特别瘦弱的母猪，要不限量饲喂，如此才能保证母猪产仔后有足够的乳汁，保证仔猪的正常哺乳、生长发育，保证母猪断乳后正常发情配种。

(2)分娩后的饲养 母猪分娩的当天，采食量很少，要保持足够的清洁饮水。母猪分娩后要立即把脐带、胎衣等清除掉，防止母猪吞吃胎衣，造成消化不良，影响泌乳或造成食仔的恶习。母猪产后第二天，即可饲喂易消化的饲料。从第三天或第四天以后，就可陆续饲喂普通饲料。对体况好的母猪，产仔后2～3天内，应减少喂料量，不可喂料太多，其饲喂量为正常饲喂量的1/3～1/2，产后4～6天达到正常喂料量，并尽可能让母猪多吃，只有采食量足够多，才能有更多的泌乳，确保哺乳仔猪的生长发育，有一个比较好的断奶体重；对于体况弱的母猪，在母猪体况过瘦时，分娩后不但不应减少料量，还应增加饲料喂量，饲料增加多少，应视母猪体况、食欲、消化和泌乳等情况而定。对于产仔时间过长的母猪，可让先产出的仔猪吃初乳。

108. 如何提高猪的泌乳量？

在生产实践中，常常因母猪无奶、少奶造成仔猪死亡、生长发育不良，而造成严重的经济损失。母猪泌乳量的高低，对仔猪成活率、断奶体重以及抗病力都有重大影响。提高哺乳期母猪的泌乳力，是养好仔猪的关键。

(1)合理配制母猪饲粮 在配制哺乳母猪饲料时，必须按饲养标准进行，要保证适宜的能量和蛋白质水平以及矿物质和维生素的需要，否则母猪不仅泌乳量下降，还易发生瘫痪。提高妊娠后期和泌乳第一个月的饲养水平，能有效地促进乳腺的发育，提高母猪泌乳量。

乳汁的营养成分丰富而全面，只有供给含蛋白质、矿物质、维生素丰富的饲料，并保证充足的饮水，才能产出量多质好的乳汁。

适当增喂青绿多汁饲料。母猪产后恢复正常采食以外，除喂以富含蛋白质、维生素和矿物质的饲料以后，还应多喂些刺激泌乳的青绿多汁饲料，以增加其泌乳量。但饲喂的青绿多汁饲料必须新鲜，且喂量要由少到多。特别是夜间补饲1次青绿饲料，这对促进泌乳力有更显著的作用。

补喂动物性饲料。动物性饲料中的蛋白质，必需氨基酸种类多，生物学价值高。母猪哺乳期间，适当饲喂一些鱼粉、豆饼等，可提高泌乳量。农户也可捕捉一些小鱼小虾煮汤，拌在饲料里喂给，可显著增加泌乳量。

(2)科学地供给饲料量 产前1周开始减料，分娩当日不喂料，分娩后第一天喂给麦麸食盐水，后逐渐增加给料量，产后1周母猪能吃多少喂多少。在给母猪加料的同时应给予大量饮水以增加泌乳量和哺乳次数。母猪在产后1月内，由于泌乳需消耗较多的营养，且母猪产奶有前期多、后期少的规律，所以把精料多用在此时间内，才会有较高的泌乳量。

(3)少量多次饲喂 泌乳母猪是整个繁殖周期中需要营养最多的阶段，若仍按空怀期或怀孕期的喂法饲喂，所获得的营养是远不够产奶需要的。只有在喂好的前提下做到少喂、勤喂、夜喂，才能满足泌乳的营养要求，才能多产奶。

(4)最大限度地提高哺乳母猪采食量

①妊娠期间限制饲喂，并做好母猪产前减料、产后逐渐加料的工作，防止母猪过肥，从而影响哺乳期的采食量。

②避免或尽量减少热应激，舍内温度最好不要超过22℃。在炎热夏季，要避开高温时喂料。生产中降低热应激的措施有适度通风、圈舍地面采用导热材料、水帘降温或猪鼻降温。

③增加饲喂频率(少量多餐)或饲槽中始终保持有料。

④使用便于采食的饲槽，并饲喂湿拌料。

⑤供给充足的饮水，采用饮水槽或杯式饮水器较好。若采用乳头或鸭嘴式饮水器，必须保证适度的饮水速度(母猪饮水器的水流速度为每分钟1500毫升)。

⑥保持饲料新鲜，避免使用霉变饲料。

(5)保持饲料稳定 整个泌乳期的饲料要保持相对稳定，不要频繁变换饲料品种，不喂发霉变质饲料，不宜饲喂酒糟，以免母猪变化引起仔猪腹泻。

(6)创造利于母猪泌乳的适宜环境 哺乳猪舍内应保持温暖、干燥、卫生，及时清除圈内排泄物，定期消毒猪圈、走道及用具；尽量减少噪声，避免大声喧哗等。让猪多运动、多晒太阳。保证母猪健康，才能多产奶、产好奶。

(7)按摩 母猪产仔前15日开始按摩乳房，促进乳腺发育，乳房增大。据资料介绍可提高断奶重5%以上。产后1～2天用30℃～40℃温水浸湿抹布，按摩两侧乳房，可以提高断奶重6%～10%。试验证明，按摩母猪的乳房可提高母猪的泌乳量。用手掌前后按摩乳房，一侧按摩完了再按摩另一侧，也可用湿热毛巾进行按摩，这样还可以起到清洁乳房和乳头的作用。

(8)保护好母猪乳房乳头 避免泌乳母猪乳房和乳头遭受各种伤害，防止细菌感染而引发乳房炎等疾病而影响泌乳。对泌乳母猪的乳房热敷和按摩可促进乳房的血液循环，提高产奶量。

(9)中药健胃促奶 在母猪哺乳期间用中药健胃促奶，也有增加泌乳量的作用。中药具有健胃助消化的功能。如因母猪食欲差，厌食无乳，可以喂些中药促进乳汁分泌。例如：可用通草煎水，拌在饲料中饲喂，1天2次，连喂3天；也可用以下方剂：王不留行24克，益母草30克，荆三棱18克，炒麦芽30克，大木通18克，六神曲24克，赤芍药6克，红花18克，加水煎汁，每日1剂，分2次给予，连服2～3天。

109. 哺乳母猪如何饲喂?

哺乳母猪的饲养目标，一是提高仔猪断奶头数及断奶窝重，二是保持泌乳期正常种用体况，即28天断奶时失重不超过12千克。过度的失重会延长断乳后发情期，还可引起下胎产仔数减少，其后果是严重的。除了科学地调配哺乳母猪饲料之外，还要讲究哺乳母猪的饲喂方法。

(1) 合理提高采食量 哺乳母猪饲养的一个总原则是，

设法使母猪最大限度地增加采食量，减少哺乳失重。哺乳母猪的饲料应按照哺乳母猪的饲养标准进行配制，且应该选择优质、易消化、适口性好、体积适当、新鲜、无霉、无毒、营养丰富的原料。由于哺乳母猪产后体弱，消化功能尚未恢复，可在产后的1～2天喂些汤料，可以是麸皮盐水汤、豆粕汤或其他易消化的流食。2～3天后逐渐增加饲喂量，至第七天左右恢复正常饲喂。到第十天之后开始再加料，一直到25～30天泌乳高峰期后停止加料。饲喂次数以日喂3～4次为宜。有条件的可以加喂一些青绿多汁饲料，泌乳高峰期的时候可以视情况在夜间加喂1次。

为使母猪达到采食量最大化，可分别采取以下措施：

第一，实行自由采食，不限量饲喂。即从分娩3天后，逐渐增加采食量的办法，到7天后实现自由采食；

第二，做到少喂勤添，实行多餐制，每天喂4～8次；

第三，实行时段式饲喂，利用早、晚凉爽时段喂料，充分刺激母猪食欲，增加其采食量。

不管是哪种饲喂方式都要注意确保饲料的新鲜、卫生，切忌饲料发霉、变质（酸败）。为了增加适口性可采取喂湿拌料的方法。

（2）供给充足清洁水　夏季温度高哺乳母猪的饮水需求量很大，因此，母猪的饮水应保证敞开供应。如果是水槽式饮水则应一直装满清水，如果是自动饮水器则要勤观察检查，保证畅通无阻，而且要求水流速、流量达到一定程度。饮水应清洁，符合卫生标准。饮水不足或不洁可影响母猪采食量及消化泌乳功能。

（3）防顶食　母猪产仔后腹内空虚、腹内压急剧下降，饥饿感很强，吃起来没饥没饱，不能立即饲喂。应让母猪休息

1～2 小时后，再喂给加盐的温热麸皮粥，以补充其体液消耗。因其消化功能较弱，食欲不好，不应多喂料，否则，母猪不消化，发生“顶食”。预防“顶食”的方法：主要是产后 1 周内应控制精料的喂量，饲料用较多的水调制，使其较稀。且日粮中应有一定量的青饲料或添加 2%～5%的油脂，可防产后便秘，促进泌乳。产后每日渐加喂量 0.5 千克左右，至一周后恢复到定量，每天 4.5 千克以上，并尽量多喂。一般日喂 4～5 次，夜间加喂 1 次夜食，对抵御寒冷、提高泌乳量有好处。如果母猪生后食欲不振，可用 150～200 克食醋拌 1 个熟鸡蛋喂给，能在短期内提高母猪食欲。

(4)防腹泻 母猪泌乳期不要突然变料，严禁喂发霉变质的饲料，避误食有毒有害的植物，以防引起乳质变坏和仔猪中毒或腹泻。为改善母猪消化，改进乳质，预防仔猪腹泻，产后给母猪喂小苏打 25 克/(头・天)，分 2～3 次于饮水中也有预防作用。

110. 哺乳母猪怎样管理?

(1)保持猪舍良好环境 要保持温暖、干燥、卫生、空气新鲜，每天清扫猪栏、冲洗排污道外，还必须坚持每 2～3 天用对猪无毒副作用的消毒剂喷雾消毒猪栏和走道。尽量减少噪声、大声吆喝、粗暴对待母猪等各种应激因素，保持安静的环境条件。猪床干燥、清洁、防止缺乳综合征发生，产后 2～3 天若母乳不足，可注射催产素 20～30 单位。

(2)适量运动 有条件的地方，特别是传统养猪，可以让母猪带领仔猪在就近牧场上活动，不但能提高母猪泌乳量，改善乳质，还能促进仔猪发育。无牧场条件下，最好每天能让母猪有适当的舍外活动时间。

(3)防治乳房炎和缺乳 母猪如果发生了乳房炎,就应及时医治,产仔之后,如果饲喂精饲料过多,缺乏青饲料会发生便秘,容易引起所有乳房肿胀,体温上升,乳汁停止分泌。此外,哺乳期仔猪数因死亡而减少,乳房没有仔猪吸吮而引起肿胀,也可导致乳房炎。一旦发生乳房炎,应用手或湿布按摩乳房,并将乳汁挤出。每天要挤 4～5 次,坚持 3 天,待乳房松弛,皮肤出现皱褶为止。如果乳房变硬,挤出的乳汁呈脓汁状,还应注射抗生素进行消炎。

如果母猪产后乳房不充实,仔猪被毛不顺,每次给仔猪喂奶后,仔猪还要拱奶,而母猪趴卧或呈犬坐,不肯哺乳,这是缺奶的表现。应加强母猪的饲养,多喂营养丰富的饲料和具有催奶作用的饲料。

111. 断奶前后母猪如何饲养?

(1)断奶前的饲养 一般哺乳期控制在 23 天,可根据膘情来判断断奶的时间,推行瘦的提前断,肥的滞后断。断奶当天不喂料,为断奶后在大栏饲养做好铺垫。仔猪断奶一般采用“赶母留子”的一次断奶法,极易导致母猪断奶应激,发生乳房炎、高烧等疾病。因此在断奶前后,应根据母猪膘情,进行适当限饲,每日 2 餐,定量饲喂 1.6～2 千克,并将哺乳料换成生长猪料,经 2～3 天就会干乳。可以采用在仔猪断奶前 1 周渐减母猪的日粮,断奶当天少喂料甚至不喂料,只给充分的饮水,尽量减少各种应激反应,断奶后将母猪赶出产房,进入空怀待配期。

(2)断奶后的饲养 保证栏舍的清洁度、通风顺畅与干爽度,降低因栏舍卫生原因导致母猪的食欲下降和生殖道感染而发情率低下;针对初产母猪断奶后掉膘特别快,应让初产母猪在断奶后第二天自由采食，料量保证在3千克以上，在料中可添加一些能量药物、营养性药物、青绿饲料，并适当添加一些抗生素控制产后炎症的发生。在实际生产中，发情、排卵好的母猪在采食量方面一般表现较好；断奶母猪要分强弱、大小分栏饲养，在栏舍宽裕的情况下，每栏母猪的数量、密度均可以减少，并在断奶后4天开始公猪试情，每天1次。

有些母猪特别是泌乳力强的个体，泌乳期间营养消耗多，减重大，至断奶前已经相当消瘦，奶量不多，一般不会发生乳房炎，断奶时不减料，干乳后再适当增喂营养丰富的易消化饲料，以尽快恢复体力，及时发情配种；若断奶前母猪仍能分泌相当多的乳汁(特别是早期断奶的母猪)，为了预防乳房炎的发生，断奶前后要少喂精料，多喂青、粗饲料，使母猪尽快干乳；过于肥胖的空怀母猪，往往贪吃、贪睡，发情不正常。要少喂精料，多喂青绿饲料，加强运动，使其尽快恢复到适度膘情，及时发情配种。

112. 哺乳仔猪有何特点？

(1)代谢旺盛，生长发育快　仔猪10日龄体重为初生时的2倍以上，30日龄时为6～7倍，60日龄时为15～26倍，高者可达30倍。另外仔猪的物质代谢要比成年猪高得多，例如20日龄的仔猪，每千克体重可沉积蛋白质9～14克，而成年猪只能沉积0.3～0.4克。因此仔猪对营养的平衡与否特别敏感。由此可见，仔猪对各种营养物质的需求，不论在数量上还是在质量上都相对较高，对营养不全的反应也更加敏感。因此，供给仔猪全价的平衡日粮尤为重要。

(2)消化器官不发达，消化功能不完善　初生仔猪的胃很小，仅重5～8克，容积为30～40毫升，但其容积随年龄的增长而迅速扩大，到断奶时，容积增加 40～50 倍。

初生仔猪胃内仅含有凝乳酶，胃蛋白酶很少。胃底腺不发达，不能制造盐酸，直到 40～45 日龄，仔猪胃内才有盐酸，才具备消化蛋白质的作用。因此蛋白质不能很好地在胃内消化，对于植物性蛋白质尤甚。好在肠腺和胰腺的发育比较完善，食物主要在小肠内消化，因此初生仔猪只能吃奶而不能利用植物性饲料。所以在对仔猪补料时，其饲料的质量要尽量接近乳汁成分，特别是饲料中乳清粉的含量要高，如果用那些价格低廉无乳清粉的饲料来补料，势必引起仔猪消化方面的问题。

成年猪的消化液是在条件反射的影响下分泌的，即在看、听、闻的刺激下分泌消化液。而 20～30 日龄的哺乳仔猪只有当饲料食入胃内直接刺激胃壁时，才分泌少量胃液。为此，早补料、勤补料、补好料对促进仔猪胃液分泌、提高仔猪消化功能与生长发育极为有利，这也是提高仔猪断奶窝重与猪场经济效益的最重要手段。

(3)缺乏先天性免疫力，易患病　初生仔猪只能通过初乳获得抗体，但母乳中免疫球蛋白含量下降很快。仔猪从 10 日龄开始产生自身抗体，但到 30 日龄前水平都不高。因此仔猪 3 周龄内是抗体水平青黄不接的阶段，特别易患腹泻。为此，在饲养管理上除了增加泌乳母猪饲料中的蛋白质外，还应加强哺乳仔猪的蛋白质和矿物质营养，搞好平时的清洁卫生及消毒防疫工作。如果此时仔猪已开始采食饲料，则饲料一定要质量优良，抗菌能力要强，否则仔猪会多病和易于死亡。

(4)体温调节功能不健全，对寒冷的抵抗力差　初生仔猪大脑皮层发育不健全，调节体温能力差。特别是生后第一天，如果将其置于寒冷环境中，则容易被冻僵或冻死。到第六天时，化学的调节能力仍然很差，从第九天起才得到改善，20日龄接近完善。另外，初生仔猪体内的能源储备很有限，每100毫升血液中，血糖含量仅100毫克，如吃不到初乳则会发生低血糖症，出现昏迷现象。因此，加强对初生仔猪的保温，是提高仔猪成活率的重要措施。

113. 哺乳仔猪为什么容易死亡？

疾病是由于卫生、防疫、消毒、饲养等措施不力引起，初生仔猪调节体温的机制和免疫力的先天不足，加之观察不细，发现和治疗不及时等，是构成新生仔猪死亡的多种原因。主要表现在以下五种情况。

(1)母猪本身的疾病引起的仔猪死亡

一是，母猪免疫失败或未做某种疾病的疫苗免疫，如母猪在产前未做仔猪大肠杆菌疫苗免疫，产后初乳及常乳中缺乏抗大肠杆菌抗体，仔猪在出生后的20多天内易发黄、白痢等。

二是，母猪带有强毒，母猪妊娠期间感染了伪狂犬、猪瘟、蓝耳病等病毒，除流产死胎外，产下的弱仔很难成活。尤其是母猪在妊娠后期感染伪狂犬或猪瘟病毒，在分娩时虽能产下看似健康的仔猪，但多在3～10天内死亡。即使有少数耐过，带有猪瘟病毒母猪产下的仔猪，即便做提前免疫也不能使仔猪产生抗体，最终发展成慢性猪瘟而死亡。

三是，仔猪从初乳中被动获得的母源抗体不足，病原微生物很易侵袭，导致发病死亡。

(2)哺乳与保育期仔猪常发的疾病引起的死亡

①仔猪红痢　多发生于1～3日龄，最急性型和急性型1～3天死亡，亚急性和慢性型10天以内死亡，死亡率极高。

②仔猪黄痢　多发生于5日龄以内仔猪。7天以上很少

发病。

③仔猪白痢　10～20 日龄仔猪常发。防治措施：一般妊娠母猪于产前 2～3 周肌内注射或耳根深层皮下接种仔猪大肠杆菌疫苗。初产母猪首免于产前 5～7 周，二免于产前15～20 天。经产母猪每胎产前 15 天注射 1 次，配合仔猪红痢苗免疫。

④猪水肿病引起的死亡　本病主要危害断奶后及保育期仔猪，尤其发育良好、生长较快的仔猪。

⑤仔猪伪狂犬　哺乳仔猪伪狂犬潜伏期一般为 3 ～11 天。猪日龄、大小不同临床症状和严重程度也有差异。1 月龄以下仔猪，尤其是 15 日龄以内仔猪发病率和死亡率都非常高。

⑥猪瘟　哺乳仔猪猪瘟多为垂直传染即由母猪妊娠中后期间感染了猪瘟病毒，胚胎期间垂直传染给胎猪，使其出生时就带病毒。仔猪刚出生时，有部分仔猪看似正常，但生后 1～7 天便开始发病、死亡，严重者有神经症状，全身发抖，也有拖至断奶前后发病者，但都呈慢性经过，很难育成。

⑦蓝耳病　猪蓝耳病全称叫猪繁殖障碍与呼吸综合征。本病主要危害：一是对母猪造成严重流产，二是对仔猪造成严重的呼吸道危害。蓝耳病对哺乳仔猪和保育期仔猪的危害及临床症状、病变程度要比肥育猪和成猪大得多，尤其对新生仔猪的致死率非常高。

(3)猪断奶后多系统衰竭综合征引起的死亡　猪断奶后多系统衰竭综合征是断奶仔猪的一种新的传染病。本病的病原是一种最小的病毒圆环病毒。发病猪日龄多集中在 6～16 周龄，8～12 周龄仔猪最常见。

(4)管理不当引起的死亡　冻死，仔猪调节体温的生理功能差，对温度变化敏感，在保温条件差的情况下，极易冻死仔猪；饿死，新生仔猪消化功能不完善，很容易引起饥饿。母猪产后少奶、奶质差或有效乳头少，致使仔猪不能尽早地吃到母乳或寄养不成功致仔猪因饥饿而死亡；踩压死，母猪母性差或产后患病，猪舍环境不安静，导致母猪脾气暴躁，引起母猪惊跑而弱小仔猪不能及时躲避被母猪压死或踩死。

(5)其他因素 如初生体重不足、咬死等。

114. 哺乳仔猪如何饲养?

(1)及早吃足初乳 所谓初乳，即母猪分娩后3～5天的乳。初生仔猪体内无免疫抗体，不具备免疫力，必须通过吃初乳获得。初乳富含各种抗体，蛋白质、维生素也较丰富，还含有镁盐，能促进胎粪排出，初乳酸度高，利于消化道的活动，吃到初乳利于仔猪的体力增长和抗寒，吃不上初乳的仔猪很难成活。因此应在仔猪出生后2小时内吃到初乳，特别是弱小仔猪更为重要，因仔猪小肠黏膜在出生后24小时内具有吸收免疫球蛋白的能力。以后的乳为常乳。

(2)吃好常乳 母猪乳房结构的特点是没有乳池，各乳头之间没有联系。由于乳房没有乳池，不能贮存乳汁，所以不能随时挤出奶来。只有分娩的头一两天，由于催产素的作用，才能挤出乳汁。母猪放奶时间很短，约20秒左右，在这个短时间内，要让每个仔猪吃上奶，防止仔猪因抢乳头而误乳。遇到睡觉而不知吃乳的仔猪，要及时叫醒去吃乳，仔猪大约1小时哺乳1次。

(3)注射铁剂 哺乳仔猪很容易发生缺铁性贫血，主要原因包括母猪初乳与常乳中含铁都很低；仔猪与含铁的土壤接触很少;而且哺乳猪生长速度很快。所以补铁对仔猪很重要。

方法:在3～4日龄注射100～150毫克铁制剂,如富铁力,或把2.5克硫酸亚铁和1克硫酸铜溶于100毫升水中,装于瓶内,当仔猪吸乳时,将合剂滴在乳头上令仔猪吸食或用乳瓶喂给,每日1～2次,每头日食10毫升。或注射铁钴合剂:皮下或肌内注射铁钴合剂1～2毫升。7天后再注射1次2毫升即可。

(4)补水 仔猪出生后3天及时补水,缺水会使仔猪食欲降低,消化作用减弱,影响仔猪健康,还会招致仔猪因口渴而喝污水,要求水质新鲜,充足、勤换或自由饮水长流不断,防止仔猪因喝污水而腹泻。

(5)补料 仔猪出生后,生长发育迅速,体重直线上升,而母猪20～30天泌乳达到高峰后,产奶量下降,所以仔猪只靠母猪母乳已经不能满足快速增长的营养需要,只有及早补料才能补上母乳的不足,同时还锻炼了仔猪的消化器官和功能。一般仔猪出生后7天,开始补乳猪专用料(乳猪料要易消化,适口性好,营养丰富;同时打开了的乳猪料要及时封口,谨防臭味污染),让仔猪认识料、学吃料,要求及时更换开口料,最好一天一更换,保证饲料的新鲜。哺乳期间尽可能地多吃料,利于早期断奶。在饲料中加入各种消化酶、调味剂、乳清粉、油脂、有机酸等,使仔猪料更完善,补料效果更好。

而且,为提高母猪的生产力和仔猪的成活率与增重率,应采取早期断奶,一般多在仔猪3～5周龄时断奶为宜。仔猪10日龄时,就要开始调教吃饲料,提早补救,提早补料,这样可以多育成健壮的仔猪。最初可用幼嫩牧草或蔬菜叶训练,进而拌上配合饲料饲喂。

115. 哺乳仔猪如何管理?

(1)注意“三防” 首先防压踩,初生仔猪反应迟钝、行动不灵活,稍不注意就可能被母猪压死或踩死,应加强护理或设保育栏。其次防窒息,正确断脐。仔猪出生后应尽早清除其口腔及呼吸道的黏液。仔猪断脐应在离脐根5～6厘米处,用手指将脐带内的血液向脐根挤,按捏断脐处用剪刀剪断并涂抹碘酊,仔猪断脐后要防止感染。最后要保暖防冻,防贼风侵袭。要设置门帘、窗帘等,白天温暖、阳光充足时打开,夜晚、阴凉、有寒风时关闭。仔猪产后6小时内最适宜温度为35℃左右;2日龄最适宜温度为32～34℃;7日龄后30℃～32℃,3周龄为28℃～30℃,每周降低约2℃,至8周龄为20℃～22℃,应避免温度波动过大。

(2)抓好“三食”与“三关” 仔猪出生后,要抓好“三食”(乳食、开食、旺食)。仔猪出生后应尽早吃初乳,出生后24小时内吃足40～60毫升母乳,实现4～6次哺乳。仔猪开始吮食初乳的时间越早越好,吃足初乳后,将仔猪抓回保温箱,1～2小时后放出哺乳1次;1～2天,仔猪会自动进入保温箱。冬季寒冷仔猪哺乳时间长,容易冻伤,应在保育室安装红外线保温灯。随着仔猪的生长,其体重和营养需求增加较快,母猪的泌乳量在产后第三至第四周达到高峰,以后逐渐下降。从第二周以后,已不能满足仔猪快速生长的需求,因此,引导仔猪开食补料的时间应在母猪乳汁变化和乳量下降之前3～5天开始。补饲顺序:补铁(出生后2～3天)、补铜(出生后2～3天)、补硒(出生后3～5天)、补水(出生后3～5天)、补料(出生后5～7天)。要把好“三关”(出生关、补料关、断乳关）。对仔猪及时免疫后，将仔猪放入保温箱，并及时补料，过好断乳关。哺乳前及哺乳过程中口服微生态制剂，以增强抗病力、抵御疾病；口服链霉素、庆大霉素等药物预防腹泻。

(3)哺乳期仔猪及弱小仔猪的护理 产房工作人员应及时做到“一听、二查、三治疗”。“听”仔猪叫声（区别争吮吸乳头的叫声和仔猪受踩压的叫声）；“查”仔猪粪便中有无下痢的症状，有无其他异常；“治疗”对出现病症的仔猪及时用药。母猪产后，一般中间几对奶头乳汁充足。母猪睡卧时，朝上的位置高，仔猪吃不着；朝下的又通常被压住，弱小仔猪无力拱出奶头，可采取人工协助，让弱小的仔猪在中间吃足初乳。

出生 1 周至断奶仔猪的管理，此阶段的仔猪生长迅速，不易被母猪踩压，但喜欢啃咬，易发生多种原因引起的腹泻，以及由链球菌引起的关节肿大和变形。管理方法是：产后 3～5 天开始早期补颗粒料，在补饲槽中加料，及时清除仔猪粪便。补饲要营养全面。补饲高能量（含乳糖或乳清粉）、优质蛋白（血浆蛋白）。补料中应有适量抗菌药、酸化剂、酶制剂。少量多次，4 次/天，并供给清洁的饮水。

116. 如何降低哺乳仔猪的腹泻发生率？

断奶仔猪腹泻是一种复杂的疾病群，是集约化养猪生产条件下的一种典型的多因素性疾病。据统计，断奶仔猪腹泻率一般在 20%～30%，死亡率在 2%～4%。甚至有些猪场断奶仔猪的腹泻率可高达到 70%～80%，死亡率竟达到 15%～20%，给养猪业带来巨大的经济损失。所以，必须采取有效的措施预防和控制仔猪腹泻。

(1)及时及早补料 促进仔猪胃肠道发育，解除仔猪牙床发痒，降低断奶后吃料的应激。一般在7日龄开始补料，方法是在干燥清洁的木板上撒少许乳猪颗粒料，颗粒料中一定要加入诱食剂，如香味素奶精等，奶味越浓诱食效果越好，强制其吃料3～4天，当仔猪开始采食乳猪料时，便可采用料槽。补料时，要尽量少添勤添，一般每天喂5～6次，防止饲料浪费；每天要把剩余部分舍弃，料槽清洗消毒后再用。实践证明，仔猪7日龄开始补饲，可使仔猪断奶前消化系统适应植物性饲料，胃肠消化功能得到锻炼和适应。大大降低仔猪断奶后的腹泻率和死亡率。

(2)选择适宜的饲料原料，保证适宜的蛋白水平 一般而言，断奶仔猪饲料适宜粗蛋白水平应在18%左右，且选择早期断奶仔猪的蛋白质来源时，宜多用动物性蛋白质饲料（如鱼粉、蚕蛹粉、奶粉等）并通过平衡氨基酸来降低饲粮蛋白质水平，逐步实现以动物性蛋白饲料为主向玉米－豆粕型日粮的过渡，以便降低仔猪断奶后腹泻的发生率，改善饲料的利用率，提高仔猪的生长性能。

(3)断乳后维持“三不变、三过渡”，减少断奶应激 三不变：原饲料（哺乳仔猪料）喂养1～2周、原圈（将母猪赶走，留下仔猪）、原窝（原窝转群和分群，不轻易并圈、调群）；三过渡：饲料、饲喂制度、操作制度逐渐过渡。

(4)创造有利于仔猪生长的环境，减少应激反应 主要是做好防寒保暖、清洁卫生和消毒工作，防止细菌感染；断奶仔猪进入保育舍前，要对保育舍内外进行彻底清扫、洗刷和消毒，杀灭细菌；仔猪进入保育舍后，要定期消毒（每周2～3次），及时清理粪便、尿等污物；做好通风与保温工作，适宜的环境温度为：断奶后1～2周，26℃～28℃；3～4周，24℃～

26℃;5 周后应保持在 20℃～22℃。空气相对湿度应保持在 40%～60%为最佳。

(5)断奶后 5～6 天内要控制仔猪采食量 以喂 7～8 成饱为宜,实行少喂多餐(一昼夜喂 6～8 次),逐渐过渡到自由采食,不可过度限饲,也不可过度饲喂。投喂饲料量总的原则是在不发生营养性腹泻的前提下,尽量让仔猪多采食。实践表明,断奶后第一周仔猪的采食量平均每天如能达到 200 克以上,仔猪就会有理想的增重。

(6)注意日常饮水 昼夜供给充足的清洁饮水,并在断奶后 7～10 天内的饮水中加入新霉素、利高霉素、水溶性电解质等,促使仔猪采食和生长,防止仔猪喝脏水,引起腹泻。

(7)改善哺乳仔猪饲料 饲料中加入酶制剂、乳糖、低聚糖、益生素等提高仔猪的消化功能。

(8)预防腹泻 哺乳仔猪于 18～25 日龄,用猪传染性胃肠炎及流行性腹泻二联灭活油疫苗进行免疫,防止断奶仔猪猪传染性胃肠炎及流行性腹泻的发生,实行全进全出的饲养管理模式,避免疾病在猪群中传播。

117. 仔猪如何断奶?

仔猪断奶时间一般掌握在出生后 28～35 日龄，最早可以在 21 日龄。断奶可根据情况选用以下几种方法。

(1)一次性断奶法 即到断奶日龄时,一次性将母仔分开。具体可采用将母猪赶出原栏，留全部仔猪在原栏饲养。此法简便，并能促使母猪在断奶后迅速发情。不足之处是突然断奶后，母猪容易发生乳房炎，仔猪也会因突然受到断奶刺激，影响生长发育。因此，断奶前应注意调整母猪的饲料，降低泌乳量。细心护理仔猪，使之适应新的生活环境。

分批断奶法将体重大、发育好、食欲强的仔猪及时断奶，而让体弱、个体小、食欲差的仔猪继续留在母猪身边，适当延长其哺乳期，以利弱小仔猪的生长发育。采用该方法可使整窝仔猪都能正常生长发育，避免出现僵猪。但断奶期拖得较长，影响母猪发情配种。

(2)逐渐断奶法 在仔猪断奶前4～6天，把母猪赶到离原圈较远的地方，并逐日减少放回哺乳的次数，第一天4～5次，第二天3～4次，第三至第五天停止哺育。这种方法可避免引起母猪乳房炎或仔猪胃肠疾病，对母、仔猪均较有利，但较费时、费工。

(3)间隔断奶法 仔猪达到断奶日龄后，白天将母猪赶出原饲养栏，让仔猪适应独立采食，到晚上将母猪赶进原饲养栏(圈)，让仔猪吸食部分乳汁，到一定时间全部断奶。这样，不会使仔猪因改变环境而惊惶不安，影响生长发育，既可达到断奶目的，又能防止母猪发生乳房炎。

(4)隔离式早期断奶 一般是在哺乳的16～18天断奶。方法是将母猪与仔猪完全分开，这种方法的应激比常规方法要小，并且减少了疾病对仔猪的干扰，保证了仔猪的生长。

118. 如何养好断奶仔猪?

做好断奶仔猪的饲养管理工作，对仔猪的快育，提高生产力是十分有益的。

采用21日龄的早期断奶仔猪，大多受到环境和营养应激的影响，日龄和体重越小，受到的影响就越大，其结果主要是导致消化不良、腹泻、消瘦、抗病力下降。在断奶后1～2周内，是仔猪死亡的又一次高峰期，为降低断奶后的死亡率，可采取以下措施。

一是，赶母留仔法。即将母猪赶走，对仔猪不并栏，不转栏，留在原产栏至少3～5天，让仔猪奶瘾消失，渡过断奶应激。

二是，仔猪转入保育栏舍后，以2窝并一栏，挑出弱小仔猪集中一栏饲养。气温较低时仍需继续保温。

三是，仔猪断奶后1周左右，限制采食量，每天每头约0.2千克，采用少食多餐的形式进行，有针对性地拌和复合维生素B溶液帮助消化。为使仔猪采食方便，采用补饲料槽的方法喂10天左右，50日龄左右的仔猪喂以与哺乳期相同的仔猪料。

四是，断奶后2周内，仔猪由于缺乏母乳的抗体保护和环境的改变，体脂肪减少，抵抗力降低，极易遭受疾病的侵袭。因此，白昼值班人员要仔细查看猪只的变化，发现异常者及时治疗，查看时要赶起睡卧的仔猪。

五是，在保育期间，发现同栏中生长过迟缓或经过多次治疗不愈、体弱瘦小的仔猪要挑出另养，变换饲料时逐渐进行。

119. 如何降低断奶仔猪的腹泻发生率?

(1)保持栏舍清洁卫生，加强消毒灭菌工作 分娩母猪进栏前，产房要彻底清洗、再用3%的火碱水溶液泼洒消毒，将栏内的微生物、虫卵消灭掉；母猪进入分娩栏，用0.1%高锰酸钾水溶液擦洗母猪腹部、乳房、后躯、四肢，把母猪身上的病原微生物、寄生虫卵除掉。栏舍还要定期消毒。

(2)加强免疫接种和驱虫工作 母猪分娩前按正规的免疫程序对母猪免疫，使母猪产生相应的免疫抗体。仔猪通过吮吸初乳，获得母源抗体的保护，防止细菌性腹泻和病毒性腹泻的发生。断奶仔猪还要接种仔猪副伤寒苗；母猪进分娩栏前要驱虫,防止虫卵污染栏舍感染仔猪,可用氯苯胍或球痢灵驱除球虫,用阿维菌素或伊维菌素驱除线虫。

(3)科学饲养保健康,改善母乳品质 母猪泌乳量多少与哺乳仔猪育成率及断奶仔猪体重关系密切。因此对哺乳母猪应实行高水平饲养(每千克饲粮消化能不宜低于 12 兆焦,粗蛋白质不宜低于 15%),不限量饲喂或自由采食。这样做不仅可以提高母猪的泌乳量,促进仔猪生长发育,而且能减少母猪泌乳期失重,有利于母猪断奶后正常发情配种。

(4)加强环境控制,减少应激反应 仔猪怕冷,受凉易腹泻,因此寒冷天气要保暖防冻,可将 250 瓦的红外线保暖灯挂在保暖箱上,勤换垫草,保持栏舍清洁、干燥。

(5)加强仔猪保健和饲养管理工作 让初生仔猪尽快吃足初乳。2 日龄仔猪要补铁,可注射牲血素或补铁王注射液 1～2 毫升/头。7 日龄补料,在仔猪料中添加抗生素(如泰妙菌素)、有机酸(如柠檬酸)、酶制剂等保健药品;仔猪要少食多餐,防止过食;换料要逐渐进行,不能突然更换。最好采用可靠品牌商品仔猪料,效果要比自配饲料好。

(6)药物的预防 仔猪开食以后由于颗粒料的粗蛋白含量较高,初期胃肠不适应易引起腹泻,因此在饮水中加入 2.5%～5%的氟哌酸和葡萄糖粉,预防仔猪腹泻。一旦发生病毒性腹泻,可在料中添加特效止泻散、黄芪多糖,连喂 5～7 天,同时可注射既抗病毒又止泻作用的有效药物,来增强仔猪排毒止泻作用。一旦发生继发感染,可增强相关药物加强治疗、消灭病原、提高仔猪成活率,从而获得较好的经济效益。

120. 什么是育成猪？什么是后备猪？

所谓育成猪，就是指70日龄至4月龄留作种用的猪。后备猪指的是仔猪育成阶段结束到初次配种前的青年种猪。

121. 怎样养好育成猪？

对断奶后的育成猪可实行“三维持”，“三过渡”的原则。

(1)“三维持” 一是仔猪不直接转入育成舍而是维持在原圈饲养将母猪转走，维持1周后再转；二是仔猪转入育成舍后维持原来的饲料饲养1～2周再转成育成猪的饲料；三要维持原窝的转群和分群，不要轻易地并群及调群。

(2)“三过渡” 一是要在饲料营养上逐渐过渡。从哺乳到保育由于生长时期不同，饲喂饲料的营养要求也不同，要使仔猪有一个适应期不能突然的改变饲料，以免引起肠胃不适，饲料要逐渐的过渡，方法可为：断奶后1周仍用乳猪料，第二周第一天饲喂乳猪料，第二天喂5份乳猪料1份仔猪料，第三天饲喂4份乳猪料2份仔猪料，第四天饲喂3份乳猪料3份仔猪料直至第七天全部改为仔猪料。二是饲喂制度上的逐渐过渡，进入育成舍的一两周内，对仔猪要进行控料限制饲喂，只吃到七八成饱，使仔猪有饥有饱，这样既可增强消化能力，又能保持旺盛的食欲，并能有效地预防水肿病和腹泻性疾病的发生。对育成仔猪要求提供优质的全价饲料。第三周开始采用自由采食。三是环境条件逐渐过渡，防止断奶应激。应让仔猪在原猪舍待1周，而后转入育成舍，并且使舍内温度保持在25℃～28℃，以后每周下降1℃～2℃直至正常。在合并中做到夜并日不并，拆多不拆少，留弱不留强，减少环境的应激。

(3)合理饲喂　根据猪群的实际情况，在饲料中酌情添加促生长剂或抗菌药物，进行药物预防工作。此外，在饲养过程中还要根据实际情况适当净槽，以确保料槽中饲料的品质。

122. 怎样养好后备猪？

养好后备母猪，准备好优良的种用体况是养母猪的第一步。后备母猪保健饲养原则是抓质促进性成熟，抓量促进体成熟，注意以下两方面。

(1)注意营养和限量饲喂　后备猪要喂给全价日粮，注意能量和蛋白质的比例，饲料蛋白质要高，特别要满足矿物质、维生素和必需氨基酸的供给。一般采用前期敞开饲养或者自由采食，后期限量饲养。体重到 80 千克后，日粮要适当限制喂量，既可保障后备猪良好的生长发育，又可控制体重的高速增长，保障各组织器官的充分发育，使体成熟和性成熟一致。

(2)后备母猪的分群饲养　后备母猪要按体重大小、强弱分群饲养，同群猪体重的差异最好不要过大，以免影响育成率。仔猪刚转入后备群时，每圈可饲养 4～5 头，随着年龄的增长，逐渐减少每圈内的头数。

123. 后备猪与生长肥育猪有何区别？

(1)后备猪　是指仔猪育成阶段结束到初次配种前的青年种猪。培育后备种猪的目标是获得发育良好、体格健壮、符合品种典型特征和具有高度种用价值的猪。后备种猪是提高猪的生产水平，获得高的经济效益的基础。

(2)生长肥育猪　是养猪生产的最后环节，是养猪成果的检验依据，也为市场提供高质量的商品肥育猪，从而达到养猪的最终目的。

(3)二者区别 在于生产目的不同，后备猪是留作种用的猪，而生长肥育猪是为市场提供商品肥育猪的；饲喂方法不同，后备猪主要采用限制饲喂，有利于控制生长速度，虽然生长速度慢一些，但体质健康结实。生长肥育猪多采用“吊架子”与“一条龙”2 种方法；饲养管理方法不同，一般情况下，后备母猪要使用专门配制的全价饲料来饲喂，以确保母猪需要的大量营养元素（如钙、磷及多种维生素等）来促进生殖器官和肢蹄的发育，像对待肥育猪那样采用自由采食的饲喂方式会使后备种猪生长速度过快，导致四肢软弱，而肢蹄软弱对种猪来说通常是致命的，而肥育猪的饲料中大多添加有促生长剂，会损害生殖系统的发育，降低后备母猪的发情率及配种受胎率，

124. 生长肥育猪有哪些肥育方式？

不同的肥育方式对生长肥育猪的增重速度、胴体瘦肉率、饲料报酬等都有很大影响。肥育方式一般分为“吊架子”、“一条龙”和“前敞后限”3 种方法。

(1)“吊架子”肥育法 又叫做“阶段肥育法”，主要是在经济欠发达地区，人们根据当地饲料条件所采取的一种肥育方式，一般整个肥育期划分为小猪阶段、架子猪（中猪）阶段和催肥阶段。小猪阶段饲喂较多精料，饲粮能量和蛋白质水平相对较高。中猪阶段利用猪骨骼发育较快特点，让其长成骨架，采用低能量和低蛋白质的饲粮进行限制饲喂（吊架子），一般以青粗饲料为主，饲养 4～5 个月。而催肥阶段利用肥猪易沉积脂肪的特点，增大饲料中精料比例，提高能量和蛋白质的供给水平，快速肥育。这种肥育方式通过“吊架子”来充分利用当地青粗饲料等自然资源，降低生长肥育猪的饲养成本，但拖

长了饲养期，生长效率低，已不适应现代集约化养猪生产的要求。

(2)“一条龙”肥育法 又叫“直线肥育法”，是按照猪在各个生长发育阶段的特点，采用不同的营养水平和饲喂技术，在整个生长肥育期间能量水平始终较高，且逐渐上升，蛋白质水平也较高，以这种方式饲养的猪增重快，饲料报酬高，但是按“一条龙”肥育方法饲养的生长肥育猪，往往沉积大量的体脂肪，从而影响瘦肉率。

(3)“前敞后限”肥育法 即在肥育猪体重达到60千克以前，按“一条龙”饲养方式饲养，采用高能量、高蛋白质饲粮；在肥育猪体重达到60千克以后，适当降低饲粮能量和蛋白质水平，限制其每天采食的能量和蛋白质总量。“前敞后限”肥育法，不仅结合了“吊架子”和“一条龙”饲养方式的优点，降低了饲料成本，饲料报酬高，增重快，同时也弥补了2种饲养方式的不足，缩短了饲养期，提高了胴体瘦肉率。对于商品猪来说，应采用“前敞后限”肥育法。

125. 生长肥育猪如何饲养管理?

从20千克到60千克，这一阶段的猪称为生长猪，60千克到出栏则称为肥育猪。生长肥育阶段是猪场盈利的冲刺阶段，饲养的好坏直接影响养猪的经济效益。只有充分了解此阶段猪的生理特性，并从以下方面着手，采取最佳的投入和最合理的饲养方法，才能获取最好的经济效益。

(1)生长环境 适宜的环境是猪群发挥生长潜能的最佳场所。转入猪只前，栏舍要彻底冲洗消毒，空栏时间不少于3天。保持圈舍卫生，加强猪群调教，训练猪群吃料、睡觉、排便“三定位”，每天喂料2次即可，但投放饲料要恰当。投料前检查每个料槽，清理所有潮湿、发霉的饲料。猪从仔猪舍进入生长肥育猪舍时应当按来源、体重大小等合理分群，以避免以强凌弱的现象，分群可在夜间进行。保持合理的群体规模和饲养密度。一般肥育猪每圈 10～20 头规模，头均占圈面积 0.8～1 米^2。

(2)营养需求 生长阶段猪的消化系统充分发育趋向成熟，猪体组织的增长以蛋白质和骨骼为主，营养配方在充分考虑能蛋比、矿物质和维生素的同时注重必需氨基酸特别是限制性氨基酸的平衡促进猪只生长，提高胴体品质。肥育阶段猪只生长强度大，代谢旺盛，市场要求猪体组织要尽量多长瘦肉，因此营养配方必须丰富而平衡，要能明显提高商品猪的瘦肉率，降低养殖成本，提高养殖效益。现在一般采用阶段肥育法与直线肥育法相结合，即在肥育前期采取自由采食，让猪充分生长发育，而在肥育后期(55～60 千克)采取限量饲喂，防止脂肪沉积过多。

(3)饲喂方法 喂猪要规定一定的次数、时间和饲料数量，在规定的时间内投喂。一般仔猪 1 天喂 6 次，中猪 4 次，肥育后期 1 天 3 次，使大猪有足够的睡眠时间，以减少活动。特别是夏季，避免中午最热时喂料。1 天中各餐间隔时间应相等，每餐喂量保持均衡，既不要使猪有饥饿感，也不要使猪吃得过饱，一般为九成饱。也可以在生长前期让猪自由采食，后期采用定时定量饲喂，这样既可使全期日增重高，又不至于使胴体的脂肪太多，同时还能提高饲料利用率，节省饲料。

(4)饮水 水是维持猪体生命不可缺少的物质，猪体内水分占体重的 50%～65%。水对于调节体温、营养物质的消化吸收及体内废物的运输都有很重要的作用，水供应不足，会引起猪食欲减退，致使猪生长速度减慢，严重者引起疾病。

猪的饮水量随生理状态、环境温度、体重、饲料性质及采食量的变化而变化，一般在春秋季节其正常饮水量应为采食饲料风干重的 4 倍或体重的 16%，夏季约为 5 倍或体重的 23%，冬季则为 2～3 倍或体重的 10%左右。供给猪只充足的清洁饮水，如安装自动饮水器，且比排泄区一端高 40 厘米左右。

(5)去势、防疫与驱虫 我国农村多在仔猪 35 日龄、体重 5～7 千克时去势，近年来集约化猪场大多提倡仔猪 7 日龄左右去势，因为它易保定操作、应激小。手术时流血少，术后恢复快。

(6)适时出栏 肥育猪前期增重慢，中期增重快，后期增重又变慢。猪体重在 10～68 千克时，日增重随体重增加而上升；体重在 68～110 千克时，日增重不会随体重增加而上升；体重超过 110 千克，日增重开始下降；体重 200～250 千克时，日增重仅为最高日增重的 50%，且每增重 1 千克耗料最多。所以杂交改良的商品肉猪 5～6 月龄，体重达到 90～110 千克时出栏效益最好。

126. 肥育猪何时出栏?

肥育猪经过一定时间的催肥后，当达到肥满程度时，就应及时出栏屠宰。这是因为肥育猪各个阶段的单位增重，所消耗的饲料数量是不同的。肥育猪到了肥满以后，越养越不划算。这是因为体重越大的猪，所需要的维持饲料越多，生长饲料就减少。同时，大猪的增重，主要是增加体内的脂肪。所以，要提高猪的饲养效益，当猪达到肥满程度时，就应该及时出栏屠宰。在生产实践中，饲养者可根据以下 4 个方面来进行科学确定。

(1)外形圆满 肥育猪经过催肥，一般都能长得全身饱满肥圆，特别是脊背和臀部，更能显现出圆滚滚的外形。

(2)食量减少 饲养人员对肥育猪每天食量多少要做到心中有数，当肥育猪肥育到一定程度时，要多留心观察，当发现肥育猪食量有逐渐减少的趋势时，说明肥育猪出现了快要肥满的征兆。

(3)粪块变小 如果发现肥育猪的粪便块直径逐渐变小，说明其消化道已经积满了脂肪，这也是到了肥满该出栏宰杀的迹象。

(4)增重缓慢 肥育猪催肥期间，每天增重量大，增重快。如果肥育猪到了肥满的程度，其增重率明显下降，即表明到了该出栏宰杀的时候了。

养猪户根据以上 4 个方面，基本就可以准确地判断出肥育猪的出栏宰杀时间。当肥育猪出现上述 4 种中的 1 种，就应该及时宰杀出栏了，再养就会提高饲养成本，降低饲养的经济效益。

如果不能准确把握上述方法，还可以通过观察肥育猪体重来判定出栏时间。

五、猪病防治

127. 从猪场的生物安全角度考虑，猪场的外环境应注意哪些问题？

当前规模化猪场中经过高度选育的猪群对疾病的特异和非特异抵抗的免疫力逐渐下降，有限的空间和较高的饲养密度进一步加剧猪群抵抗力的降低。各型猪场都存在疫病泛滥，治疗困难，生产猪繁殖性能不佳，猪群生产性能低的问题。同时如何通过各种手段打断疫病流行的三个环节，建立健康猪群，防止疫病的发生，保证猪场正常生产发展，获得更高的生产性能和经济效益，是摆在每一个养猪人面前的问题，这就是生物安全体系建立的依据和背景。

防止外界病原微生物进入猪场就是切断病原微生物进入猪场的一切途径，主要包括：

(1)猪场场址的确定 是猪场生物安全体系中最重要的要素。猪场选址具备防疫排污条件，具备水源、电源条件，具备交通、通风向阳条件。由于这些因素互为影响，因此，有必要建立场址生物安全风险评估标准，根据拟建猪场健康等级，量化评估场址是否符合健康要求以及定期量化评估已建猪场场址生物安全风险的变化可能对猪群造成的影响。

(2)猪场围墙和大门 猪场和生产区入口处淋浴或消毒及登记制度。这一环节一般猪场做得都很好。

(3)出猪台设施 在猪场的生物安全体系中，出猪台设施是仅次于场址的重要的生物安全设施，也是直接与外界接触交叉的敏感区域，因此建造出猪台时需考虑以下因素：一是，划分明确的出猪台净区和污区，猪只只能按照净区—污区单向流动，生产区工作人员禁止进入污区。二是，出猪台的设计应保证冲洗出猪台的污水不能回流到出猪台。三是，建造防鸟网和防鼠措施。四是，保证出猪台每次使用后能够及时彻底冲洗消毒。

(4)人员和物品管理 前者包括本场工作管理人员和外界来访者，后者包括猪场使用的设备、物资和食品。

只有生产人员与管理人员才允许进入猪场生产区，所有人员必须住在生活区内。休假人员回场必须经过 24 小时的隔离，并经过常规消毒后才准许进入生产区工作。

生产区谢绝参观。非猪场人员，如确实需要进入生产区的，经批准并经洗澡、全身更衣后方可进入猪舍，并由场内工作人员引导，按指定的路线行走，不得到处走动。外来办事人员进场办事，须经过消毒，且只能在生活区办公室内办理业务。

任何物体从场外进入场内都有可能携带病原，而给猪群带来威胁，因此必须注意控制和严格消毒。生产区内工作人员的衣、裤、鞋、袜全部由猪场提供，生活区的穿着一律不许带入生产区。所有人员进出生产区均须经洗澡、更衣、消毒。严禁食品及其他东西带入生产区。生活区内不准穿用生产区的衣、裤、鞋、袜等用品。离开生产区时，必须在消毒更衣室更衣、换鞋并消毒。

生产母猪只能在分娩舍和妊娠舍之间相互流动。

生产肥育猪流动方向：断奶后仔猪—保育舍—生长肥育舍—出售或转入待售栏，不能逆向流动。

(5)饲料、车辆管理，做好周围免疫 饲料必须进行检测，排除污染物，不用污染的饲料，提倡饲用无污染饲料和绿色饲料添加剂。据统计数据表明，猪群80%以上肠道健康问题与饲料有关，因此控制饲料及其原料，加工和运输过程中可能出现的生物安全风险，可以明显降低猪群健康问题的发生几率。

运输饲料原料的车辆必须经消毒后才能进入饲料加工厂或仓库门口处停车卸货。所有进入生活区的车辆都要经过消毒。外来车辆不能进入生活区，只能停放在生活区外停车处。装载生猪车辆须经消毒，待晾干后停放在围墙外装猪台，或用场内专用运猪车，把猪运到装猪台。

(6)水源和有害物质管理　包括猪场人员饮用水和猪只饮水，应定期添加次氯酸钠2～4毫克/千克消毒净化饮水；饮水常规检测：目的在于检测饮水水质变化，每年检测2次，主要监测大肠杆菌数。老鼠、狗、猫、鸟、蚊蝇等野生动物和昆虫是将新疾病引入猪场的最重要的危险因素之一，应该禁止让狗和猫在猪场内四处走动，尽可能消灭老鼠和蚊蝇等害虫，并对野鸟进行控制。

128. 从猪场的生物安全角度考虑，猪舍的内环境应考虑哪些问题？

场内控制病原扩散的生物安全措施是猪场生物安全体系重要组成部分，其控制措施如下。

(1)猪舍的建造布局合理　根据场地实际情况进行合理布局，比较理想的应为三点式或二点式的猪舍。三点式的，分为配种妊娠与分娩舍、保育舍、生长肥育舍，其间至少相距500米。二点式的，母猪生产一处，保育与生产肥育又一处，或母猪生产与保育在一处，生长肥育另分一处。如条件限制，可采用一点三区式，即在同一个场地内分为3个区域：母猪区、保育区和生产肥育区。其中保育区应与母猪区和生产肥育区（大猪区）至少相距 50 米以上，可有效地预防仔猪受感染。

生产区内污区和净区交界处的控制，同时做好粪便和死猪处理：从生产区、污区进入净区，更换净区衣服鞋帽（或更换胶鞋）或脚底经过交界处用 3%～5%NaOH 脚浴消毒盆，反之亦然；净区物品和生产工具的清洗消毒均在净区中进行，禁止进入污区；污区物品须经充分消毒后才能进入净区；各阶段生产工具和物品专舍专用，禁止混用。

（2）单一种源管理

第一，确定健康等级高于本场的种源提供场作为后备种猪更新来源（理想状态是首批种猪提供场），禁止从不明健康状态场和健康等级低于本场的种源提供场引种。

第二，引种前，根据实验室监测结果确定本场引种的最佳时机和了解种源提供场的健康状态确定是否适合引种。

第三，即使是单一种源（包括本场自留后备母猪）混入基础母猪群前必须经过一定时间的隔离适应技术措施处理。

第四，引进后备种猪是最重要的猪病传入途径之一。各种病原体都有可能随引进的猪进入猪场，特别是购进无临床症状的带毒种猪，可造成巨大损失。在引进猪只前需做血清学检测，主要检测本猪场没有发生过的传染病。引进种猪群前，须在隔离检疫舍隔离观察30～60 天。30 天后再检测 1 次。这次重复检测极其重要。如检测结果仍为阴性，给饲喂本场老年猪的粪便，或用老年猪隔栏饲养，以便让引进的猪逐步适应本场的病原微生物，待适应后，方可与本场猪群一同饲养。

（3）猪只的控制　生产母猪只能在分娩舍和妊娠舍之间

相互流动。生产肥育猪流动方向:断奶后仔猪—保育舍—生产肥育舍—出售或转入待售栏,不能逆向流动。每栋猪舍应预留病弱猪栏,一旦发现病猪立即转到病弱栏内。经2天治疗未见好转的,转入病猪隔离舍治疗。

(4)做好猪场管理 处理好猪场粪便和污水;做好人员的来往、车辆和特殊物品管理;做好周围免疫等也就可以防止猪场内的病原微生物(包括寄生虫)传播扩散到其他地方。

129. 猪场如何检疫?

检疫就是应用各种诊断方法对动物及其产品进行疫病检查,并采取相应的措施,防止疫病的发生和传播。检疫的范围很广,包括产地、市场、运输和口岸的检疫。从广义上来说,检疫是由专门的机构来执行的,是以法规为依据的,其手段也有多种,如临床检疫、血清学和病原学检疫等。这里介绍规模化猪场的临床检疫方法,通过反复的检疫,应对场内猪群的健康状况了如指掌,以便及时发现病猪。

在对猪的临床检查中,最常用的是问诊和视诊,必要的时候配合触诊、听诊等进行检查,收集有关资料,综合分析判断,做出诊断。

第一,问诊:以交谈和启发的方式,向饲养管理人员调查、了解病猪或猪群发病情况和经过。一般在着手检查前进行,也可边检查边询问。

问诊时,首先询问病猪的日龄、性别,发病的数量,发病时间,病后的主要表现,免疫接种情况,是否经过治疗,用过什么药物,用药剂量、次数和效果如何。再了解猪舍的卫生状况,饲喂日粮的种类、数量和质量以及饲喂方法。最后询问猪群过去曾发生过什么病,其他猪或邻近地区的猪有无类似的疾病发生，其经过与结局如何，以及畜主所估计的致病原因等。

第二，视诊：是检查病猪时最主要的方法，而且获得的资料最为真实可靠。视诊时，先对猪群进行全面观察，发现病猪后再重点检查。检查时，先观察猪的精神状态、食欲、体格发育、姿势和运动行为等有无异常，借此以发现病猪。然后仔细检查病猪的皮肤、被毛、可视黏膜（如眼结膜、口黏膜、鼻黏膜等），咳嗽、呼吸、排粪、排尿和粪尿等有无异常变化。

第三，触诊：是用手对被检部位进行触摸，以判断有无病理改变。对猪进行触诊，主要检查皮肤的温度、局部硬肿、腹股沟淋巴结的大小，以及骨骼、关节和有关器官的敏感性等。

第四，听诊：一般直接听取猪的咳嗽和喘鸣音，必要时可听取心音、呼吸音和胃肠蠕动音等。

对猪进行一般检查时，主要检查猪的精神状态、皮肤、可视黏膜、腹股沟淋巴结、体温等。

(1)精神状态检查　健康肥育猪贪吃好睡，仔猪灵活好动，不时摇尾。

精神沉郁是各种热性病、缺氧及其他许多疾病的表现。病猪表现卧地嗜睡、眼半闭、反应迟钝、喜钻草堆、离群独处或扎堆。昏睡时，病猪躺卧不起，运动能力丧失，只有给予强烈刺激才突然觉醒，但又很快陷入昏睡状态。多见于脑膜脑炎和其他侵害神经系统的疾病过程中。昏迷时，病猪卧地不起，意识丧失，反射消失，甚至瞳孔散大，粪尿失禁。见于严重的脑病、中毒等。有的表现为精神兴奋，容易惊恐，骚动不安，甚至前冲后撞，狂奔乱跑，倒地抽搐等。见于脑及脑膜充血、脑膜脑炎、中暑、伪狂犬病和食盐中毒。

(2)皮肤检查　着重检查皮温、颜色、丘疹、水疱、皮下水肿、脓肿和被毛等。

检查皮温时，可用手触摸耳、四肢和股内侧。全身皮温增高，多见于感冒、组织器官的重度炎症及热性传染病；全身皮温降低，四肢发凉，多见于严重腹泻、心力衰竭、休克和濒死期。检查皮肤颜色只适用于白色皮肤猪。皮肤有出血斑点，用手指按压不褪色，常见于猪瘟、弓形虫病等；皮肤有淤血斑块时，指压褪色，常见于猪丹毒、猪肺疫、猪副伤寒等传染病；皮肤发绀见于亚硝酸盐中毒及重症心、肺疾病；仔猪耳尖、鼻盘发绀，也见于猪副伤寒。

皮肤上出现米粒大到豌豆大的圆形隆起叫丘疹，见于猪痘及湿疹的初期。水疱则为豌豆大内含透明浆液的小疱，若出现在口腔、蹄部、乳房部皮肤，见于口蹄疫和猪传染性水疱病；如果出现在胸、腹部等处皮肤，见于猪痘以及湿疹。皮下水肿的特征是皮肤紧张，指压留痕，去指后慢慢复平，呈捏粉样硬度。额部、眼睑皮肤水肿，主要见于猪水肿病。体表炎症及局部损伤，发生炎性水肿时，有热、痛反应。猪皮肤脓肿十分常见，主要为注射时消毒不严或皮肤划伤感染化脓引起。初期局部有明显的热、痛、肿胀，而后从中央逐渐变软，穿刺或自行破溃流出脓汁。局部脱毛，主要见于猪疥螨和湿疹。

(3)眼结膜检查　主要是检查眼结膜膜颜色的变化。

眼结膜弥漫性充血发红，除结膜炎外，见于多种急性热性传染病，肺炎、胃肠炎等组织器官广泛炎症；结膜小血管扩张，呈树枝状充血，可见于脑炎、中暑及伴有心功能不全的其他疾病；可视黏膜苍白是各种类型贫血的表示；结膜发绀(呈蓝紫色)为病情严重的象征，如最急性型猪肺疫、胃肠炎后期，也见于猪亚硝酸盐中毒；眼结膜黄染，见于肝脏疾病、弓形虫病、钩端螺旋体病等。眼结膜，炎性肿胀，分泌物增多，常见于猪瘟、流感和结膜炎等。

(4)腹股沟淋巴结检查 腹股沟淋巴结肿大，可见于猪瘟、猪副伤寒、猪丹毒、圆环病毒病、弓形虫病等多种传染病和寄生虫病。

(5)体温检查 许多疾病，尤其是患传染病时，体温升高往往较其他症状的出现更早，因此，体温反常是猪患病的一个重要症状。猪的正常体温为38.5℃～40℃，体温升高，见于许多急性热性传染性病和肺炎、肠炎疾病过程中；体温降低，多见于大出血、产后瘫痪、内脏破裂、休克及某些中毒等，多为预后不良的表现。

130. 如何诊断和处理检疫后的猪？

通过临床检疫应立即做出初步的诊断和果断地采取措施。可分以下几种情况：一是健康猪，二是病猪（表现出临床症状），三是可疑感染猪（与病猪同圈而无临床症状的猪），四是假定健康猪（与病猪同舍而无临床症状的猪）。

(1)病猪 根据临床检疫的结果，对下列5类病猪不予治疗，应立即淘汰或做无害化处理：无法治愈的病猪，治疗费用较高的病猪，治疗费时费工的病猪，治愈后经济价值不高的病猪，传染性强、危害性大的病猪。其他疾病应采用各种治疗方法积极治疗。

(2)可疑感染猪 对于某些危害较大的传染病的可疑感染猪，应另选地方隔离观察，限制人员随意进出，密切注视其病情的发展，必要时可进行紧急免疫接种或药物防治。至于隔离的期限，应根据该传染病的潜伏期长短而定。若在隔离期间出现典型的症状，则应按病猪处理，如果被隔离的猪健康无恙，则可取消限制。

(3)假定健康猪 除上述两类外，在同一猪场内不同猪舍的健康猪，都属此类。假定健康猪应留在原猪舍饲养，不准这些猪舍的饲养人员随意进入岗位以外的猪舍，同时对假定健康猪进行被动或主动免疫接种。

131. 猪场如何消毒？

猪场消毒是防治传染病的一个重要环节。消毒的目的是为了消灭滞留在外界环境中的病原微生物，它是切断传播途径、防止传染病发生和蔓延的一种手段，是猪场一项重要的防疫措施，也是兽医监督的一个主要内容。

(1)消毒可分为终端消毒和经常性的卫生保护　前者指空舍或空栏后的消毒，后者指舍内及四周的经常性消毒（定期带猪消毒、场区消毒和人员入场消毒等）。

①*终端消毒*　按以下步骤顺序进行。

干燥清扫。空舍或空栏后，彻底清除栏舍内的残料、垃圾和墙面、顶棚、水管等处的尘埃等，并整理舍内用具。当有疫病发生时，必须先进行消毒，再进行必要的清扫工作，防止病原的扩散。

栏舍、设备和用具的清洗。对所有的表面进行低压喷洒并确保其充分湿润，喷洒的范围包括地面、猪栏、进气口、风扇匣、各种用具等，尤其是食槽和饮水器，有效浸润时间不低于30分钟。此步骤可尽可能多地去除有机物和细菌。使用高压冲洗机彻底冲洗地面、食槽、饮水器、猪栏、进气口、风扇匣、各种用具、粪沟等，直至上述区域显得干净清洁为止。

栏舍、设备和用具的消毒。使用选定的广谱消毒药彻底消毒栏舍内所有表面及设备、用具。必要时，可先用2%～3%火碱液对猪栏、地面、粪沟等喷洒浸泡，30～60分钟后低压冲洗；后用另外一种广谱消毒液（0.3%过氧乙酸）喷雾消毒。此方法要注意使用消毒药时的稀释度、药液用量和作用时间。消毒后栏舍保持通风、干燥，空置5～7天。

恢复栏舍内的布置。清扫、清洗、消毒后，检查、维修栏舍内的设备、用具等，充分做好入猪前的准备工作。入猪前1天再次喷雾消毒。

②经常性的卫生保护　除了正确的终端消毒程序外，猪场经常性的卫生保护也是防止外界病原体传入的极重要措施。

场区入口处的消毒池长度等于车轮周长的2.5倍，宽度与整个入口相同，消毒设施必须保持长年有效，消毒池的火碱浓度达到3%以上。

场区入口处设专职人员，负责进出人员、车辆和物品的消毒、登记及监督工作，负责维持消毒池、消毒盆内消毒剂的有效浓度。

进入猪场的一切人员，须经"踩、照、洗、换"四步消毒程序（踩火碱消毒垫，紫外线照射5～10分钟，消毒液洗手，更换场区工作服、鞋等并经过消毒通道）方能进入场区，必要的外来人员来访依上述程序并穿全身防护服入场。

进入生产区的人员，在生产区消毒间用消毒液洗手，更换进入生产区衣物、雨鞋后，经2%～3%火碱消毒池后方可进入生产区；进舍须在外更衣室脱掉所穿衣物，在淋浴室用温水彻底淋浴后，进入内更衣室，穿舍内工作服、雨鞋后进舍。

生产用车辆必须在场区入口处消毒，经2%～3%火碱消毒池后，用另一种消毒剂喷雾消毒，消毒范围包括车辆底盘、驾驶室地板、车体；进入生产区车辆必须经再次的喷雾消毒。

进入场区的物品，在紫外线下照射30分钟或喷雾或浸泡或擦拭消毒后方可入场；进入生产区的物品再次用消毒液喷雾或擦拭到最小外包装后方可进入生产区使用。

外界购猪车辆一律禁止入场，装猪前严格喷雾消毒；售猪后，对使用过的装猪台、磅秤，及时进行清理、冲洗、消毒。

每间猪舍入口处设一消毒脚盆并定期更换消毒液，人员进出各舍时，双脚踏入消毒盆。

各舍每周打扫卫生后带猪喷雾消毒1次，全场每2周喷雾消毒1次，不留死角（舍外生产区、出猪台、死猪深埋池等）；消毒药品视不同环境条件选用不同种类的消毒剂，基本上每3个月更换1次。

(2)猪场常用的化学消毒剂及消毒剂的选用

①猪场常用的化学消毒剂　主要有以下几类。

氯制剂类：漂白粉，有效氯≥25%，饮水消毒浓度为0.03%～0.15%；优氯净类，如消毒威、消特灵，使用浓度为1∶400～500喷雾或喷洒消毒；二氧化氯类，如杀灭王，使用浓度为1∶300～500喷雾或喷洒消毒。

过氧化物类：过氧乙酸，多为A、B二元瓶装，先将A、B液混合作用24～48小时后使用，其有效浓度为18%左右。喷雾或喷洒消毒时的配制浓度为0.2%～0.5%，现用现配。

醛类：甲醛，多为36%的福尔马林，用于密闭猪舍的熏蒸消毒，一般为福尔马林14毫升/米^{3}加高锰酸钾7克/米^3。消毒时，环境湿度>75%，猪舍密闭24小时以上后通风5～10天。

季铵盐类：双链季铵盐，如百毒杀、1210、1214等，使用浓度为1∶1 000～2 000喷雾或喷洒消毒（原液浓度为50%）。

酚类：菌毒敌、菌毒灭，使用浓度为1∶100～300。

强碱类：火碱，含量不低于98%，使用浓度为2%～3%，多用于环境消毒。生石灰，多用于环境消毒，必须用水稀释成

20%的石灰乳。

弱酸类：灭毒净（柠檬酸类），使用浓度为 1∶500～800。

碘制剂类：PV 碘、威力碘、百菌消-30，一般使用浓度为 50×10^{-6}。

②消毒剂的选用　选择的消毒剂具有效力强、效果广泛、生效快且持久、稳定性好、渗透性强、毒性低、刺激性和腐蚀性小、价格适中的特点。

充分考虑本场的疫病种类、流行情况和消毒对象、消毒设备、猪场条件等，选择适合本场实际情况的几种不同性质的消毒剂。

充分考虑本地区的疫病种类、流行情况和疫病可能的发展趋势，选择对不同疫病消毒效果确实的几种不同性质的消毒剂。

(3)使用消毒剂的注意事项

一是，充分了解本场所选择的不同种类消毒剂的特性，依据本场实际需要的不同，在不同时期选择针对性较强的消毒剂。

二是，消毒剂使用时的稀释度。必须选用杀灭抗性最强的或可能的病原体所必需的最低浓度。

三是，药液用量。任何有效的消毒，必须彻底湿润欲消毒的表面。进行消毒的药液用量最低限度应是 0.3 升/米^2，一般为 0.3～0.5 升/米^2。

四是，消毒液作用时间。要尽可能长时间的保持消毒剂与病原微生物的接触，一般接触在 30 分钟以上方能取得满意的消毒效果。

五是，使用消毒剂消毒前，必须先清洁卫生，尽可能消除影响消毒效果的不利因素（粪、尿和垃圾等）。

六是，使用消毒剂时，必须现用现配制，混合均匀，避免边加水边消毒等现象。

七是，不能混用不同性质的消毒剂。在实际生产中，需使用 2 种以上不同性质的消毒剂时，可先使用一种消毒剂消毒，60 分钟后用清水冲洗，再使用另一种消毒剂。

八是，不能长久使用同一性质的消毒剂，坚持定期轮换不同性质的消毒剂。

九是，猪场要有完善的各种消毒记录，如入场消毒记录、空舍消毒记录、常规消毒记录等。

132. 如何做好猪场的杀灭蚊蝇工作?

蚊蝇具有数量多、品种多、繁殖快、分布面广等特性。随着夏季高温、高湿季节的到来，蚊蝇开始大量繁殖，特别是在垃圾粪便、卫生死角、污水臭沟内孳生最快。尽管蚊子和苍蝇不属于寄生虫病的范围，但它们所造成的危害比任何一种寄生虫病都严重，所以也把它们按寄生虫对待；因为蚊子是猪乙型脑炎和猪附红细胞体病的传播媒介，而苍蝇则是消化道病的主要传播媒介，蚊蝇不除，疾病不断。

(1)蚊蝇危害 众所周知，蚊蝇是畜禽疾病的传播媒介，如猪瘟、伪狂犬病、布氏杆菌病、猪丹毒、口蹄疫、钩端螺旋体病、猪痢疾、沙门氏菌病、猪附红细胞体病、传染性胃肠炎、产气荚膜梭状芽孢杆菌 A 型和 C 型引起的腹泻、出血吸血性巴氏杆菌、埃希氏大肠杆菌病、蛔虫病以及孢子球虫属引起的球虫病、疥螨等疾病都可通过蚊蝇机械性传播。蚊子的密度达到一定程度，叮咬时将对猪的休息产生骚扰，严重时猪将产生应激，影响生长。另外，在产仔舍内，蚊蝇可引起母猪严重的乳房炎，还可以传播链球菌引起仔猪的链球菌性脑膜炎。同时蚊蝇也对养猪场工作人员的正常生活产生很大影响。

(2)防控措施 目前蚊蝇防控的传统办法是定期喷雾杀虫剂,但这些杀虫剂中绝大多数是有机磷、拟菊酯类产品,在养殖场喷雾后对畜禽可产生毒性,并引起应激反应。长期使用,蚊蝇易产生耐药性,增加控制成本。此外,使用杀虫剂喷雾,需要每隔几天喷雾1次,消耗大量的人力、药物,还无法达到彻底控制的目的。为此,对规模养殖场蚊蝇的防控应采用综合措施。

①灭蝇 主要措施有以下几种。

饲料中添加药物:环丙氨嗪是一种高效昆虫生长调节剂,它对双翅目昆虫幼虫体有杀灭作用,尤其对在粪便中繁殖的几种常见的苍蝇幼虫,有很好的抑制和杀灭作用。饲料中添加可以使苍蝇在成虫以前被消灭,这一办法在不少猪场都有不错效果。

对猪粪进行处理:另一个彻底解决苍蝇的办法也同样是从虫卵开始,办法是将每天产出的猪粪定期用塑料布盖住,靠密封将苍蝇虫卵闷死在塑料布中。这样做不需要每天都盖一次,因为苍蝇由虫卵变为成虫需要一定的时间,每3天1次换布足以将所有的虫卵杀死。注意用塑料布盖时,必须盖严,如果塑料布有洞,需要用土或其他东西堵严,不能有漏气的地方。这个办法是第一种的补充,因为猪场的乳猪料多是全价料,无法将药物添加进去,而乳猪料又是浪费最严重的一种料,小猪粪便和撒掉的料仍是苍蝇的繁殖场所。

解决猪舍撒料现象:许多猪场在采用上面办法后,舍内仍有蚊蝇,原因多是不注意舍内卫生,特别是产房哺乳母猪和仔猪漏在地面的料长时间不清理,将变成苍蝇孳生的地方;定期检查猪舍撒料现象,并及时解决,也在一定程度上减少了苍蝇的数量。

②灭蚊　主要措施有以下几种。

灭死水中的虫卵：死水中下药是控制产生蚊子虫卵的场所，使蚊子在成虫前被杀死；这一办法在北方水少地区比较实用，只要每周对有死水的地方，如排水沟、积存的雨水等处放置杀虫药，蚊子的虫卵大部分就会被杀死，这样可以大大减少猪舍内的蚊子数量。

物理阻挡法：在水多地区，许多蚊子是从场外飞进来的，如果在猪场围墙上方设1米高的窗纱，可以大大减少蚊子飞进来的数目，再加上场内的灭蚊措施，对预防蚊子的危害也有利。如果能设计成白天取下，晚上挂起来，这样的效果更好；白天不会影响通风，到晚上不需要大量通风时，挂起来可以挡住蚊子。

蚊香驱蚊：一些猪场采用蚊香驱蚊的办法也是可以考虑的，由于蚊香的气味使蚊子不敢靠近，在猪舍里面点上蚊香可以使蚊子不进入猪舍，相对于蚊子对猪的危害来说，蚊香的投资还是相对少得多。

铲除杂草：杂草往往是蚊子白天栖息的地方，如果猪场里面没有杂草，蚊子也就没有了藏身的地方，为此，铲除杂草也是减少蚊子危害的好办法。

在猪舍内外设置灭蚊灯，可把蚊子吸引进来并通过药物杀死。

(3)其他方法

①机械防控　在某些场合是非常有效和切实可行的措施。有条件可在养殖场内采用纱窗、纱门、风幕、风道、水帘和水道等防蚊蝇设施；也可使用捕蝇瓶、捕绳笼和灭蝇灯、粘蝇条等捕捉消灭苍蝇。

②**生物防治**　在粪便中培养蚊蝇的天敌(蜘蛛、壁虎、甲虫等),在自然情况下,生物防控是较化学药物防控更为有效的办法。

133. 猪场如何正确免疫接种?

猪的免疫接种是给猪接种生物制品,使猪群产生特异性抵抗力,由易感动物转化为不易感动物的一种手段。有组织、有计划地进行免疫接种,是预防和控制猪传染病的重要措施之一。

(1)建立科学的免疫程序　免疫接种前必须制定科学的免疫程序,制订免疫程序时主要考虑以下几个方面的因素:当地猪的疫病流行情况及严重程度;传染病流行特点;仔猪母源抗体水平;上次免疫接种后存余抗体水平;猪的免疫应答;疫(菌)苗的特性;免疫接种方法;各种疫苗接种的配合免疫对猪健康的影响等。对当地未发生过的传染病,且没有从外地传入的可能性,就没有必要进行该传染病的免疫接种,尤其是毒力较强的活疫苗更不能轻率地使用。现在国内外没有一个可供各地统一使用的生猪免疫程序,要在实践中总结经验,制订出符合本场具体情况的免疫程序。

(2)选择优质疫苗　疫苗或菌苗质量好坏直接关系到免疫接种的效果,因此,在选择疫苗时,一定要选择通过农业部的 GMP 认证的厂家生产的、有批准文号的疫(菌)苗,并在当地动物防疫部门购买疫苗,不要在一些非法经营单位购买,以免买进伪劣疫苗,在购买疫苗或菌苗前,要确认出售疫苗的部门有无一定的技术实力,以保证疫苗或菌苗的效力。

注意疫苗或菌苗的失效期。当购买某种疫苗或菌苗时,一定要注意失效期,确保在有效期内才能购买,并对疫苗或菌苗的名称、生产厂家、生产批号、使用说明、失效期、购买部门及购买日期等做好记录，以备查考。

(3)按要求运输、保存疫苗 猪用疫(菌)苗是生物制品，有严格的运输、保存条件。冻干苗运输时，必须放在装有冰块的疫苗专用运输箱内，严禁阳光直接照射和接触高温，－15℃以下保存。如猪瘟疫苗，在－15℃以下保存，有效期最长不超过18个月，在0℃～8℃保存，最长不超过6个月。灭活苗2℃～8℃下冷藏运输，避光保存，不得冻结。一定要按要求运输、保存，只有这样才能保障疫苗质量和免疫效果。

(4)检查被接种生猪 疫(菌)苗接种前，应向养猪户询问猪群近期饮食、大小便等健康状况，必要时可对个别猪进行体温测量和临床检查。凡精神、食欲、体温不正常的、有病的、体质瘦弱的、幼小的、年老体弱的、妊娠后期等免疫接种禁忌症的对象，不予接种或暂缓接种。

(5)注意无菌操作 免疫接种前，将使用的器械(如注射器、针头、稀释疫苗瓶等)认真洗净，高压蒸汽灭菌。免疫接种人员的指甲应剪短，用消毒液洗手，穿消毒工作服、鞋。吸取疫苗时，先用75%酒精棉球擦拭消毒瓶盖，再用注射器抽取疫苗，如果1次吸取不完，不要把插在疫苗瓶上的针头拔出，以便继续吸取疫苗，并用干酒精棉球盖好。严禁用给猪注射过疫苗的针头去吸取疫苗，防止疫苗污染。注射部位应先剪毛，然后用碘酊消毒，再进行注射，每注射1头猪必须更换1次消毒的针头。

(6)正确使用疫苗 在使用前应检查疫苗外观质量，凡过期、变色、污染、发霉、有摇不散凝块或异物、无标签或标签不清、疫苗瓶有裂纹、瓶塞密封不严、受过冻结的液体疫苗、失真空的疫苗等不得使用。

使用前必须详细阅读使用说明书，了解其用途、用法、用量及注意事项等。各种疫（菌）苗使用的稀释液、稀释方法都有一定的规定，必须严格按照说明书规定稀释，否则会影响免疫效果。

猪的免疫接种途径通常有：肌内注射、皮下注射、口服等，注射部位可在内股、臀部或耳根后。疫苗稀释后应充分摇匀，并立即使用，使用过程中要随时振摇均匀，超过规定时间（一般弱毒疫苗 3～6 小时内用完，灭活苗当天用完）未使用完毕的疫苗应废弃。

仔猪副伤寒疫苗可口服或注射，但瓶签注明限于口服者不得注射。口服疫苗必须空腹喂，最好是清晨喂饲，以使每头猪都能吃到。口服菌苗时，禁用热食、酒糟、泔水发酵饲料拌苗。

用过的注射器、针头等用具应消毒处理，空苗瓶、废弃苗要高温无害化处理，严防散毒。

(7)观察接种后的反应　预防接种后，要加强饲养管理，减少应激。遇到不可避免的应激时，可在饮水中加入抗应激剂，如电解多维、维生素 C 等，能有效缓解和降低各种应激反应，增强免疫效果。

防疫员应在注苗后 1 周内逐日观察猪的精神、食欲、饮水、大小便、体温等变化。注射免疫后有些反应较大，如有的仔猪注射仔猪副伤寒疫苗 30 分钟后会出现体温升高、发抖、呕吐和减食等症状，一般 1～2 天后可自行恢复。

对反应严重的或发生变态反应的可注射肾上腺素注射液 1～2 毫升抢救。

(8)接种前后慎用药物　在免疫前后 1 周，不要用肾上腺皮质酮类等抑制免疫应答的药物；对于弱毒菌苗，在免疫前后

1周不要使用抗菌药物；口服疫苗前后2小时禁止饲喂酒糟、抗生素滤渣、发酵饲料，以免影响免疫效果。

(9)做好免疫接种记录 以便制订出符合养猪户具体情况的免疫程序和防止漏免、重免。

134. 猪在运输过程中和运输前后需注意什么?

最好不使用运输商品猪的车辆装运种猪。在运载种猪前应使用高效消毒剂对车辆和用具进行2次以上的严格消毒，最好能空置1天后装猪，在装猪前用刺激性较小的消毒剂(如双链季铵盐络合碘)再彻底消毒1次，并开具消毒证。

在运输过程中应想方设法减少种猪应激和肢蹄损伤，避免在运输途中死亡和感染疫病。要求供种场提前2小时对准备运输的种猪停止投喂饲料，赶猪上车时不能赶得太急，注意保护种猪的肢蹄，装猪结束后应固定好车门。

长途运输的车辆，车厢最好能铺上垫料，冬天可铺上稻草、稻壳、锯末，夏天铺上细沙，以降低种猪肢蹄损伤的可能性；所装载猪只的数量不要过多，装得太密会引起挤压而导致种猪死亡；运载种猪的车厢隔成若干个栏圈，安排4～6头猪为一个栏圈，隔栏最好用光滑的钢管制成，避免刮伤种猪；达到性成熟的公猪应单独隔开，并喷洒带有较浓气味的消毒药(如复合酚等)或者与母猪混装，以免公猪之间相互打架。

长途运输的种猪，应对每头种猪按1毫升/10千克注射长效抗生素，以防止猪群途中感染细菌性疾病，对于临床表现特别兴奋的种猪，可注射适量氯丙嗪等镇静针剂。

长途运输的运猪车应尽量走高速公路，避免堵车，每辆车应配备两名驾驶员交替开车，行驶过程应尽量避免急刹车；应注意选择没有停放其他运载相关动物车辆的地点就餐，绝不能与其他装运猪只的车辆一起停放；随车应准备一些必要的工具和药品，如绳子、铁丝、钳子、抗生素、镇痛退热药以及镇静剂等。

另外，新引进的种猪，应先饲养在隔离舍，而不能直接转进猪场生产区，因为这样做极可能带来新的疫病，或者由不同菌株引发相同疾病。种猪到达目的地后，立即对卸猪台、车辆、猪体及卸车周围地面消毒，然后将种猪卸下，按大小、公母分群饲养，有损伤、脱肛等情况的种猪应立即隔开单栏饲养，并及时治疗处理。先给种猪提供饮水，休息 6～12 小时后方可供给少量饲料，第二天开始可逐渐增加饲喂量，5 天后才能恢复正常饲喂量。种猪到场后的前 2 周，由于疲劳加上环境的变化，机体对疫病的抵抗力会降低，饲养管理上应注意尽量减少应激，可在饲料中添加抗生素(可用泰妙菌素 50 毫克/千克、金霉素 150 毫克/千克)和多种维生素，使种猪尽快恢复正常状态。种猪到场后必须在隔离舍隔离饲养 30～45 天，严格检疫。特别是对布氏杆菌、伪狂犬病(PR)等疫病要特别重视，须采血经有关兽医检疫部门检测，确认没有细菌感染阳性和病毒野毒感染，并监测猪瘟、口蹄疫等抗体情况。种猪到场一周开始，应按本场的免疫程序接种猪瘟等各类疫苗，7 月龄的后备猪在此期间可做一些引起繁殖障碍疾病的免疫注射，如细小病毒病、乙型脑炎疫苗等。种猪在隔离期内，接种完各种疫苗后，进行 1 次全面驱虫，使其能充分发挥生长潜能。在隔离期结束后，对该批种猪体表消毒，再转入生产区投入正常生产。

135. 猪场驱虫时应注意哪些问题?

猪的寄生虫种类繁多,有蛔虫病、疥癣病、猪毛首线虫病(鞭虫病)、肺丝虫病、弓形虫病、球虫病、囊虫病、旋毛虫病等,但以疥螨病、蛔虫病、球虫病、鞭虫病最为常见,对猪的危害较严重,常常造成猪生长发育不良、增重缓慢。每年的春秋季节大多数的养猪场都会对场内的猪进行全群驱虫,驱虫时应注意以下问题。

(1)驱虫药物的选择 目前市场上的驱虫药物种类很多,如何选用呢?有些高效的驱虫药物,不但对寄生虫成虫,对寄生虫幼虫都有驱杀作用,而且对寄生虫虫卵的孵化也有抑制作用。所以要尽量选择这样的驱虫药,具有广谱、高效、安全且可同时驱除猪体内外寄生虫的驱虫药物。如单纯的伊维菌素、阿维菌素对驱除疥螨等寄生虫效果较好,但对在猪体内移行期的蛔虫幼虫、鞭虫等效果较差;阿苯达唑、芬苯达唑、丙硫苯咪唑等对线虫、吸虫、鞭虫、球虫及其移行期的幼虫、绦虫都有较强的驱杀作用,对虫卵有极强的抑制孵化或杀灭作用。要注意驱虫药物的保质期,药物要放在阴凉通风处保存,防止日光照射。

在使用驱虫药时,必须注意剂量,对某些具有毒性的驱虫药,不能过量,以免中毒。妊娠母猪和仔猪避免使用阿维菌素、敌百虫、左旋咪唑等毒性较大的驱虫药;中大猪使用这类药物,必须事先准备好肾上腺素、阿托品等特效解毒药以备急用。生猪屠宰前 3 周内不得使用药物进行驱虫。

(2)驱虫时间 驱虫的时间选择有 2 种方法,一种是按季节驱虫,另一种是按阶段驱虫。季节驱虫一般为每年春季(3～4 月份)第一次驱虫,秋冬季(10～12 月份)第二次驱虫,每次都对全场所有存栏猪全面用药驱虫。阶段性驱虫是指在猪的某个特定阶段定期用药驱虫。现实中较常用的用药方案是:种母猪产前15天左右驱虫1次;保育仔猪阶段驱虫1次;后备种猪转入种猪舍前15天左右驱虫1次;种公猪1年驱虫2～3次。

(3)驱虫用药方法

①*拌料法*　可将驱虫药物拌在料中饲喂,喂驱虫药前,让猪停饲一顿,然后将药物与饲料拌匀,一次让猪吃完,若猪不吃,可在饲料中加入少量盐水或糖精,以增强适口性。

②*皮下注射*　如阿维菌素(或伊维菌素)一般采用皮下注射,皮下注射的部位通常选择皮肤较薄、皮下组织疏松而血管较少的部位,如颈部或股内侧皮下为较佳的部位。用70%酒精棉球消毒后,以左手的拇指、食指和中指将皮肤轻轻捏起,形成一个皱褶,右手持注射器将针头刺入皱褶处皮下,深约1.5～2厘米,药液注完后,用酒精棉球按住进针部皮肤,拔出针头,轻轻按压进针部皮肤即可。

(4)驱虫后应注意的问题　驱虫后要及时清理粪便,猪粪和虫体集中堆放发酵处理,以防止排出的虫体重新感染猪。仔细观察驱虫后猪的表现,有无中毒现象发生。

136. 如何搞好猪场的药物保健?

猪场发生的传染病种类多,目前有些传染病已经研制出有效的疫苗,通过预防接种可以达到预防的目的。但还有不少传染病尚无疫苗可用,有些传染病虽然有疫苗,但在生产中应用还有一些问题。因此,对于这些传染病除了加强饲养管理,搞好饲料卫生安全,坚持消毒制度,定期进行检疫之外,有针对性地选择适当的药物预防,也是猪场传染病防治工作中的一项重要措施。

(1)药物预防用药的原则 由于各种药物抗病原体的性能不同,所以预防用药必须有所选择。合理用药进行预防,提高药物预防的效果,一般情况下应按照以下原则选用药物。

一是,要根据猪场与本地区猪病发生与流行的规律、特点、季节性等,有针对性地选择高疗效、安全性好、抗菌广谱的药物用于预防,方可收到良好的预防效果,切不可滥用药物。

二是,使用药物预防之前最好先进行药物敏感试验,以便选择高敏感性的药物用于预防。

三是,保证用药的有效剂量,以免产生耐药性。不同的药物,达到预防传染病作用的有效剂量是不同的。因此,药物预防时一定要按规定的用药剂量,均匀地拌入饲料或完全溶解于饮水中,以达到药物预防的作用。用药剂量过大,造成药物浪费,还可引起副作用。用药剂量不足,用药时间过长,不仅达不到药物预防的目的,还可能诱导细菌对药物产生耐药性。猪场进行药物预防时应定期更换不同的药物,即可防止耐药性菌株的出现。

四是,要防止药物蓄积中毒和毒副作用。有些药物进入机体后排出缓慢,连续长期用药可引起药物蓄积中毒,如猪患慢性肾炎,长期使用链霉素或庆大霉素可在体内造成蓄积,引起中毒,有的药物在预防疾病的同时,也会产生一定的毒副作用。如长期大剂量使用喹若酮类药物会引起猪的肝肾功能异常。

五是,要考虑猪的品种、性别、年龄与个体差异。幼龄猪、老龄猪及母猪,对药物的敏感性比成年猪和公猪要高,所以药物预防时使用的药物剂量应当小一些。妊娠后用药不当易引起流产。同种猪不同个体,对同一种药物的敏感性也存在着差异，用药时应加倍注意。体重大、体质强壮的猪比体重小、体质虚弱的猪对药物的耐受性要强。因此，对体重小的与体质虚弱的猪，应适当减少药物用量。

六是，要避免药物配伍禁忌。当 2 种或 2 种以上的药物配合使用时，如果配合不当，有的会发生理化性质的改变，使药物发生沉淀、分解、结块或变色，结果出现减弱预防效果或增加药物的毒性，造成不良后果。如磺胺类药物与抗生素混合产生中和作用，药效会降低。维生素 B_1、维生素 C 属酸性，遇碱性药物即可分解失效。在进行药物预防时，一定要注意避免药物配伍禁忌。

七是，选择最合适的用药方法。不同的给药方法，会影响药物的吸收速度、利用程度、药效出现时间及维持时间，甚至还可引起药物性质的改变。药物预防常用的给药方法有混饲给药，混水给药及气雾给药等，猪场在生产实践中可根据具体情况，正确地选择给药方法。

(2)预防用药的方法

①*混饲给药法*　将药物拌入饲料中，让猪只通过采食获得药物，达到预防疫病之目的。这种给药方法的优点是省时省力，投药方便，适宜群体给药，也适宜长期给药。其缺点是如药物搅拌不匀，就有可能发生有的猪只采食药物量不足，有的猪只采食药物过量而发生药物中毒。混饲时应注意：药物用量要准确无误；药物与饲料要混合均匀；饲料中不能含有对药效质量有影响的物质；饲喂前要把料槽清洗干净，并在规定的时间内喂完。

②*混水给药法*　将药物加入饮水中，让猪只通过饮水获得药物，以达到预防传染病的目的。这种方法的优点是省时省力，方便，适于群体给药。缺点是当猪只饮水时往往要损失

一部分水，用药量要大一点。另外由于猪只个体之间饮水量不同，每头猪获得的药量可能存在着差异。混水给药时应注意：使用的药物必须溶解于饮水；要有充足的饮水槽或饮水器，保证每头猪只在规定的时间内都能饮到足量的水；饮水槽和饮水器一定要清洗干净；饮用水一定要清洁干净，水中不能含有对药物质量有影响的物质；使用的浓度要准确无误；猪只饮水之前要停水一段时间，夏天停水1～2小时，冬天停水3～4小时，然后让猪饮用含有药物的水，这样可以使猪只在较短的时间内饮到足量的水，以获得足量的药物；饮水要按规定的时间饮完，超过规定的时间药效就会下降，失去预防作用。

(3)药物添加剂使用参考剂量

①抗生素添加剂参考剂量　土霉素（金霉素）200～800毫克/千克，新霉素70～140毫克/千克，庆大霉素500～1 000毫克/千克，泰乐菌素200～500毫克/千克。

②化学药物添加剂参考剂量　磺胺-5-甲氧嘧啶（SMD）500～1 000毫克/千克，呋喃唑酮300～400毫克/千克，氟哌酸500～1 000毫克/千克，伊维菌素150毫克/千克。

③维生素添加剂参考剂量　促菌素、调痢生、止痢灵及亚罗康等，一般在饲料中添加300～500毫克/千克。

④抗应激添加剂参考剂量　氯丙嗪500毫克/千克、利血平20毫克/千克、琥珀盐酸1 000～2 000毫克/千克。

(3)药物预防在养猪生产中的实际应用　如猪腹泻性病的药物预防有多种方法。

一是，仔猪出生后，吃初乳之前，每头口服1%稀盐酸3毫升，连用3天，可预防仔猪黄、白痢的发生。

二是，仔猪出生后，每天早晚各口服1次乳康生，连用2天，以后每隔1周服1次，可服用6周，每头每次服0.5克(1

片）。或仔猪出生后立即服1次促菌生，以后每天服1次，连服3天。或按千克体重0.1～0.15克，每天服用1次调痢生，连服3天。可预防仔猪黄、白痢，并能促进仔猪的生长，提高成活率。

三是，仔猪出生后3天注射0.1%亚硒酸钠和牲血素，每头肌注2毫升，可预防仔猪黄、白痢等。

四是，敌菌净，每千克体重100毫克内服，每日2次，连服5天，可预防仔猪黄、白痢等。

五是，仔猪出生后，吃初乳之前，每头内服青、链霉素各10万单位，可预防仔猪红痢等。

六是，杆菌肽，每吨饲料中添加50～100克，连喂7天，可预防猪痢疾及其他细菌性下痢等。

137. 规模化养猪场猪病流行特征及防治对策？

(1)当前规模化猪场猪病流行特征

①*温和性和非典型疫病不断出现*　疫病出现温和性和非典型变化。如从临床症状和剖检变化不像猪瘟，实验室诊断的结果是猪瘟阳性。从而使某些旧病以新的面貌出现。此外，有些病原的毒力增强，即使经过免疫接种的猪群也常发病，这就给疫病的诊断、免疫接种和防疫治疗造成了很大的困难。

②*呼吸系统疾病加重*　规模化养猪场，由于其饲养密度大，消毒卫生不严，猪舍通风换气不良，为呼吸道传染病的发生和流行提供了条件。近年来猪支原体肺炎（MPS）、猪繁殖和呼吸系统综合征（PRRS）、猪萎缩性鼻炎、猪传染性胸膜肺炎（APP）、猪伪狂犬、猪流感、猪圆环病毒（PCV2）等病的感

染，造成猪呼吸系统发病率的增加，危害加重。发病后难以控制；发病率一般在40%～50%，死亡率在5%～30%。

③新病不断出现　近年来，从国外传入的各种新病不断出现。如猪繁殖和呼吸系统综合征（PRRS）、猪圆环病毒（PCV2）、猪增生性肠病（PPE）、猪传染性胸膜肺炎（APP）、猪蚁形螺旋体痢疾等。这些疫病的发生和流行给规模化养猪业造成了严重的危害。

④疫病的混合感染和各种综合征不断出现　由于规模化养猪场饲养时间的增长，造成猪场环境中残存多种病原体，一旦猪群猪只抵抗力降低，环境和气候发生变化，猪体受到病原体的侵袭，这时即可出现2种或多种病原体所致的多重感染或混合感染。在混合感染中出现有2种病毒（PRRS与PCV2）或3种病毒（PRRS、PRV和PCV2）所致的双重或三重感染，也有2种细菌或3种细菌所致的双重或三重感染，还有病毒与细菌，病毒与寄生虫，细菌与寄生虫的混合感染。还有多种病原体引起的疾病综合征，如猪呼吸系统综合征等。这种病在大部分规模化养猪场都有发生，有的养猪场发病率高达40%～50%，严重影响猪只的生长发育。

⑤猪只的继发感染　猪只患病后的继发感染也是规模化养猪场的常发病，即猪只被一种病原体感染后，由于环境中存在多种病原体，如采取措施不力或机体抵抗力降低，即可被其他病原体再感染。

⑥猪的耐药性增强，抗生素治疗疾病效果不佳　规模化养猪场在疾病的防治上，应以预防为主，治疗为辅，但由于疾病的复杂性，在疾病的防治上由过去的单一性，转变为综合防治；除应用抗生素外，还应使用球蛋白、干扰素、转移因子等药物。有的养猪场长期大量使用抗生素，使猪体内的细菌产生

了耐药性，当发生疾病后，再使用抗生素则效果不佳。

⑦*猪群对各种疫病的易感性增强*　规模化养猪场，由于其饲养密度大，猪舍通风换气不良，舍内二氧化碳、氨气、硫化氢等有害气体的浓度高，加之各种刺激，造成猪只机体的抵抗力降低，使猪只对各种病原体的易感性增强。

(2)防治对策

①*制定科学的免疫程序*　规模化养猪场，应根据本场的实际情况，制定科学合理的免疫程序。使猪群在整个生长期都得到有效的免疫保护。对猪瘟要在产后立即进行超前免疫，每头仔猪注射2头份，2小时后吃奶，35日龄和70日龄各注射1次，每头肌内注射4头份。繁殖母猪在配种前15天或仔猪断奶时，注射4头份；种公猪每年注射2次，各为4头份，同时要搞好猪伪狂犬、猪细小病毒和猪繁殖与呼吸障碍综合征(PRRS)等影响猪免疫系统传染病的免疫接种，以减少继发感染的机会。

②*选择疫苗要讲究*　规模化养猪场在选择各种疫苗时，必须是正规厂家生产的疫苗。特别注意从出厂到使用全过程都要保证冷藏贮运。在购买时要到当地县级以上畜牧兽医部门认购，不要到个体兽医诊所去认购，因为同样是正规厂家生产的疫苗，个体兽医诊所不能保证疫苗在贮运过程中的冷藏。另外在猪瘟的防疫接种上，要选择猪瘟单苗，不要选用猪瘟、猪丹毒、猪肺疫三联苗。特别是仔猪的超前免疫，绝对不能使用三联苗。

③*防疫接种要严格*　接种疫苗要用消过毒的注射器和针头。注射器和针头要煮沸消毒10分钟以上，每注射1头猪换1个针头，如果是哺乳仔猪可注射1窝猪换1个针头。如果是冻干苗最好用专用的稀释液，使用前将疫苗和稀释液升至

室温，疫苗一经稀释，应在2～4小时内用完，过时废弃。

④加强饲养管理　实行科学的饲养管理，确保猪只能获得足够的饲料营养，以提高猪群的免疫力和抵抗力，加强猪舍管理，保持干燥，冬季注意保暖，夏季注意降温，降低各种应激因素；减少对猪只惊吓、刺激，及时清理猪舍粪便、尿液和脏物，以降低舍内氨气、硫化氢、二氧化碳等有害气体的浓度。维护合理的饲养密度，注意猪舍通风，用具及环境定期消毒，人员出入猪舍要注意消毒。苍蝇和老鼠是各种传染病的传染媒介，为切断传染媒介，夏季要经常开展灭蝇活动，长年投药灭老鼠。

⑤要做到自繁自养，全进全出　养猪场要做到自繁自养，全进全出，这样可控制外界传染病的传入。为切断传染源，对不同阶段的猪要全进全出，最低限度要做到产房和保育舍的猪的全进全出。圈舍空出后，先清理污物，然后彻底冲洗，待干燥后用氢氧化钠或过氧乙酸消毒，然后封闭门窗用甲醛和高锰酸钾粉再熏蒸消毒，再空圈7～10天方可装猪。产房每周要进行一次带猪消毒，可选用刺激性较弱的消毒剂。

⑥慎重引种，定期监测　引种时要特别注意，应引入没有猪瘟、细小病毒、伪狂犬、繁殖和呼吸系统综合征等传染病的种猪。对本场的种猪也应用荧光抗体法监测，测出的抗原阳性带毒猪，应及时淘汰。引入的种猪，应隔离观察30天确认无病后，注射猪瘟、猪蓝耳病、细小病毒、猪伪狂犬等疫苗后，才可合群。

⑦结合本场实际注射自制疫苗　如本场发生疫情并不能确诊或发生多种病原体混合感染时，应及时注射自制的自家组织灭活苗，可收到一定的效果。

⑧要做好定期驱虫　不论是种猪还是肥育猪都要定期驱

虫，养猪场一旦发生寄生虫病，严重影响猪只的生长发育，传染病可使养猪场亏本，寄生虫可吃掉养猪场的利润。

138. 如何防治猪瘟？

猪瘟又名猪霍乱，俗称“烂肠瘟”，是由猪瘟病毒引起的一种急性、热性、高度接触性传染病。

(1)流行特点 本病不同季节、年龄、品种、性别的猪均可发生，且发病数量多，死亡率高，通常发病后 7 天左右达到发病和死亡高峰，呈流行性，主要经消化道传染，潜伏期 3～21 天，一般为 7～9 天。

(2)临床症状 根据发病程度可分为 3 种类型。

①最急性型　病猪无明显症状，突然倒地死亡。常见于流行初期。

②急性型　即典型猪瘟。体温升高至 41℃～42℃，拒食而喜欢饮水，恶寒喜温，无精打采，俯卧、弓背、寒战、乏力，常钻卧在草堆中或静卧于阴暗处，尾、耳下垂，眼睑肿胀，黏膜潮红，眼角多有黏性分泌物。病初多见便秘，经 3～4 天后腹泻。便秘与腹泻交替发生，并排出恶臭稀便，带有灰白色黏液及血液。皮肤上有针刺状出血斑点，指压不褪色，多于发病后 5～7 天死亡。

③慢性型　多由急性型转来，其表现为时好时坏，吃食不定，体温时高时低，咳嗽，呼吸困难，便秘与腹泻交替发生，腹部紧缩，多经 3 周左右死亡。

(3)病理变化 剖检可见全身淋巴结肿大，呈暗紫色，切面出血呈大理石纹状。肾呈土黄色，可见出血点。膀胱可见黏膜出血；心内外膜出血，以左心耳为重。会厌软骨出血；脾脏边缘有紫色或土黄色坏死灶，大肠黏膜有扣状结节。

(4)诊断　根据流行特点、临床症状、病理变化等可初步诊断。

(5)防治方法　目前本病尚无特效药物治疗，只能采用综合性防治措施。加强饲养管理，提高猪的抗病力。坚持自繁自养，从外地购猪加强检疫。定期预防注射，接种猪瘟兔化弱毒疫苗后，4 天即可产生免疫力，免疫期 1 年。其免疫程序为：吃初乳前第一次免疫，50～55 日时或断奶后第二次免疫。大型养猪场，多在仔猪断奶后第一次免疫；70 日龄第二次免疫。农户少量养猪可于断奶后一次免疫即可。注射剂量应按说明书使用。

在猪瘟流行时，疫区内应立即封锁，隔离病猪，及时抢救治疗。

用猪瘟兔化弱毒疫苗预防量的 2～5 倍，1 次肌内注射，对治疗病猪有一定的效果。

139. 如何防治猪口蹄疫？

口蹄疫为偶蹄兽的一种急性热性高度接触性传染病。猪口蹄疫的发病率很高，传染性极强，流行面广，传播快，对仔猪可引起大批死亡，造成严重经济损失。人也感染本病。因此，世界各国对口蹄疫都十分重视。此病已成为国际重点检疫对象。

(1)流行特点　本病潜伏期短，传播快，流行广，发病率高，在同一时间内，往往牛、羊、猪一起发病。本病一年四季均可发生，但以寒冷季节多发，一般秋末开始，冬季和早春达到高峰，以后逐渐减少，夏季基本平息，但在养猪密度大的地方，夏季也有发生。

(2)临床症状　常见病猪蹄冠部出现一条白带状水疱，然后从蹄中沟向下延伸发展到蹄踵部。严重的侵害蹄叶，导致蹄壳脱落，行走困难。鼻盘中、口腔和哺乳母猪乳头上也常见水疱。水疱破裂后约 7 天左右可愈合。一般成猪不发生死亡，但仔猪死亡率很高。

(3)病理变化 死亡的仔猪胃肠有出血性炎症，心外膜出血，呈黄色斑纹或不规则小点(俗称虎纹心)。

(4)诊断 根据流行特点、临床症状及病理变化等可初步诊断。

(5)防治方法 一旦发生本病，应迅速划定疫区并对疫区封锁、消毒，防止疫情扩散和蔓延，并上报疫情。疫区内的猪、牛、羊，应由兽医检疫部门检疫，病猪及其同栏猪应紧急屠宰，内脏及污染物应深埋或焚烧，猪肉高温处理后就地利用。疫区内未感染的猪、牛、羊，应立即用与本地流行的病毒型相同的疫苗紧急接种。对疫区内的猪圈、运动场、用具、垫料等被污染的场地及物品应用 2%的火碱溶液彻底消毒；在口蹄疫流行期间每隔 2～3 天消毒 1 次；疫区内最后一头病猪痊愈或死亡后 14 天，如再无口蹄疫病例出现，经大消毒后，可申请解除封锁。

根据国家有关规定，患口蹄疫的病猪应一律紧急屠宰，不准治疗，以防散播传染。

140. 如何防治猪气喘病？

猪气喘病是由猪肺炎霉形体(支原体)引起的一种呼吸道传染病。

(1)流行特点 本病只感染猪，不同年龄、性别和品种的猪均易感染发病，主要通过接触或吸入空气中的病原体而感染。新疫区多呈暴发式流行，病死率高。流行后期和老疫区多为慢性和隐性经过，并以仔猪多发。耐过者往往成为阴性带菌者，成为新的传染源。本病一年四季均可发生，但在寒冷潮湿或气候骤变的诱因下发病率上升。

(2)临床症状 特征性症状为咳嗽和气喘。病初为短声连咳，运动加剧或受冷风刺激时，咳嗽加重，同时有少量鼻液流出；病重时流灰白色黏性或脓性鼻液，连声咳嗽，呈腹式呼吸，多静立不动，张口喘气，呼吸呈拉风箱音。

(3)病理变化 主要是肺部变化，肺门淋巴结和纵隔淋巴结肿大成灰白色，切面多汁。急性死亡的病猪肺有不同程度的水肿、气肿，切面流出泡沫样液体。其特征病变是在心叶、间叶、中间叶出现融合性支气管肺炎，尤以心叶最明显。肺膜常与胸壁、心包等粘连。

(4)诊断 根据流行特点、临床症状、病理变化等可初步诊断，确诊必须经实验室检验。

(5)防治方法

①*预防措施* 应采取综合性防疫措施，以控制本病的发生和流行。对已确诊为气喘病的猪，应隔离饲养，专人管理，严格防止病猪与健康猪接触，切断传染途径，以防蔓延。同时要加强饲养管理，提高猪的抵抗能力，防止继发感染。

②*治疗方法* 首选药为恩诺沙星注射液，每 10 千克体重 1 毫升，肌内注射，每天 2 次；也可用硫酸卡那霉素，每天每千克体重 4 万单位，连用 3～5 天；当猪停食、气喘、呼吸加快时，应配合青霉素治疗，每千克体重肌内注射 3 万单位，每天 2 次。

141. 如何防治猪乙型脑炎？

猪乙型脑炎又叫日本脑炎，是由乙型脑炎病毒引起的一种热性接触性人畜共患的传染病。

(1)流行特点 本病多发于炎热的夏末秋初，即7～9月份。6月龄以前的猪易感，主要通过蚊虫传播。

(2)临床症状 本病以公猪睾丸肿胀和母猪流产或死胎为主要特征。病猪体温升高，粪便干燥，个别猪跛行、磨牙、口吐白沫、乱冲乱撞。孕猪流产、早产、产死胎，仔猪出生后，短期内痉挛而死。公猪在体温升高后，出现一侧或两侧睾丸肿大，是正常的0.5～1倍，阴囊发热，触之硬实。几天后睾丸萎缩变硬，失去配种能力。

(3)病理变化 脑水肿充血，睾丸组织有坏死灶，子宫充血，死胎皮下和脑水肿，肌内如水煮样。

(4)诊断 根据本病多发地区、流行季节、临床症状及病理变化不难诊断。但确诊必须进行血清学检验及病原体分离。

(5)防治方法 猪圈及饲养用具经常消毒，在蚊虫活动猖狂季节，根据其习性和出现季节加强灭蚊措施。在本病常发地区用流行性乙型脑炎弱毒疫苗预防接种，可有效预防本病的发生。一般在本病发生前1～2个月，用仓鼠肾弱毒疫苗接种，4月龄内的猪每只肌内注射1毫升，一般免疫期可保持1年。

目前，对本病尚无有效治疗方法，一般也无治疗必要。

142. 如何防治猪伪狂犬病?

猪伪狂犬病是由伪狂犬病毒引起的一种传染病。由于被感染猪的大小不同其临床症状差异很大，大猪感染后常无明显的临床表现；妊娠母猪感染后常导致流产或产死胎、弱胎；小猪尤其是哺乳仔猪患病后陷于昏睡状态，最后死亡。

(1)流行特点 本病常发生于春、秋两季，妊娠母猪感染后，常引起流产；哺乳母猪感染后6～7天乳汁中有病毒，持续3～5天，仔猪因吃乳而被感染。病猪和带毒的鼠是重要传染源。传染途径是经过消化道、呼吸道黏膜，皮肤伤口和交配等。

(2)临床症状 仔猪发病初期精神委顿、停食，有时呕吐，体温上升，达41℃以上，也有部分体温微升。上述症状持续24～36小时，开始出现神经症状。病猪全身颤斗，神经兴奋，奔跑前冲，视力减弱，四肢张开，常向一侧转圈。

病猪呈现间歇性痉挛，特别以咬肌、颈肌、背肌等为严重。癫痫发作时猪侧卧，头颈仰起，四肢抽搐，每次持续5～10分钟，长的可达30分钟，无食欲，无知觉。仔猪口鼻流出大量黏液，眼睑水肿，背凹陷，头偏向一侧，后躯软弱，四肢呈游泳式划动，不久即完全麻痹。一般只有少数病例可康复。当出现神经症状，声带、肌肉麻痹后，即说明已接近死亡。

(3)病理变化 剖检病猪可见耳尖、吻突、胸腹下部、四肢末梢及尾根等处有淤血斑。淋巴结、肝、肾、脾、膀胱肿大且有不同程度的出血点，鼻腔有出血性炎症，肺水肿，心内膜有出血斑。胃肠道有出血性炎症变化，脑膜充血、水肿，部分仔猪脑灰质处见小点出血。

(4)防治措施 对该病目前尚无特效治疗药物。发病期可采用抗伪狂犬病血清治疗，有一定效果，同时对未发病的猪还可起预防作用。如果本场有该病发生，应及时采取控制措施，可普遍注射抗伪狂犬病血清，以后每年都注射猪伪狂犬病疫苗。据哈尔滨兽医研究所介绍，该所研制的猪伪狂犬病疫苗，对1～8月龄仔猪和妊娠后期的母猪进行2次注射，哺乳仔猪0.5毫升，断奶仔猪1毫升，母猪2毫升，2次间隔6～8

天，免疫期可达 1 年以上。对病死猪要深埋或高温处理，粪便要堆积发酵。直到该病在场内完全停止发生后 4 周方能解除封锁。另外，加强全场的灭鼠工作，也是预防本病的措施之一。

143. 如何防治猪细小病毒病？

猪细小病毒病是由猪细小病毒引起的母猪繁殖障碍性疾病。主要表现为胎儿和胚胎的感染和死亡，母猪不表现明显症状。

(1)流行特点 本病一般呈地方性流行。传染源主要是带毒病猪、病猪粪便。可通过消化道、呼吸道、配种传播本病。感染过本病的猪获得终身免疫。

(2)临床症状 母猪发生流产、死胎、木乃伊、胎儿发育异常等现象，有时妊娠母猪久孕不产，也可能是由细小病毒在母猪妊娠初期感染，胚胎被吸收，致使久不发情也不产仔。被细小病毒感染的公猪，性欲和受精率没有明显影响，只是精液中带有病毒，起传播作用。

(3)病理变化 对病死妊猪剖检可见，胎儿死亡、充血、水肿、出血及胎儿体腔积液、脱水等病变。

(4)诊断 根据流行特点、临床症状及病理变化等可初步诊断。

(5)防治方法 目前，对本病尚无有效治疗方法，应以预防为主，可用猪细小病毒病油佐剂灭活疫苗肌肉注射，后备公、母猪均需注射，种公猪每年注射 1 次。后备母猪在配种前 1 个月注射。注射剂量、稀释倍数等按产品说明书进行。

144. 如何防治仔猪水肿病?

仔猪水肿病主要发生于断奶后 2～3 月龄膘情好的仔猪。春、秋两季,特别是气候突变和阴雨后多发,呈散发或地方性流行,发病快,病程短,死亡率高。

(1)临床症状 患猪表现为突然发病,有的前一天晚上未见异常,第二天早上却死在圈舍内。多数病猪常拉干粪,精神委顿,震颤,口吐白沫,嘶叫,眼睑、面部、头部、颈部及胸腹部水肿,最后倒地侧卧,四肢划动,呈游泳状,体温下降而死亡。

(2)病理变化 胃壁、肠系膜、淋巴结、肺均水肿,心包、胸腹腔积水,淋巴结和肺部有出血变化。

(3)诊断 根据临床症状和病理变化等可初步诊断。

(4)防治方法 主要是加强仔猪的饲养管理,提早补料,要做好圈舍的消毒工作。母猪妊娠 30～40 天时,给母猪肌内注射 0.1%的亚硒酸钠 5 毫升,维生素 E 5 毫升。一旦发现病猪应及时治疗,对同窝的其他健康猪也应给药预防。方法是用氢化可的松注射液,每千克体重 3～5 毫克,肌内注射。或地塞米松磷酸钠注射液,每千克体重 0.3～0.5 毫克,配合磺胺-5-甲氧嘧啶注射液,每 20 千克体重 10 毫升,肌内注射。每天 2 次,经 2～3 次用药后,症状即可消失。当病猪能站立,眼皮水肿已消失,则停止用药,注意给足饮水。停止或减少饲料中黄豆的用量,防止复发。